熬过最难熬的日子便是春暖花开

王楠——编著

中国纺织出版社有限公司
国家一级出版社
全国百佳图书出版单位

内 容 提 要

“天将降大任于斯人也，必先苦其心志，劳其筋骨，饿其体肤……”可见，欲成大事者，必须忍受常人不能忍受的东西，就是我们说的“熬”，熬过最难熬的日子，便是春暖花开。

本书从“忍耐”这一中国式智慧谈起，通过一个个小故事来阐述忍耐力对于成就人生的重要性，希望广大读者受到启发，都能利用这一智慧力量积蓄实力、成就人生。

图书在版编目（CIP）数据

熬过最难熬的日子，便是春暖花开 / 王楠编著. ---北京：中国纺织出版社，2019.7 （2020.4重印）
ISBN 978-7-5180-6069-6

Ⅰ.①熬… Ⅱ.①王… Ⅲ.①成功心理—通俗读物 Ⅳ.①B848.4-49

中国版本图书馆CIP数据核字（2019）第057310号

责任编辑：闫　星　　特约编辑：王佳新　　责任印制：储志伟

中国纺织出版社出版发行
地址：北京市朝阳区百子湾东里A407号楼　邮政编码：100124
销售电话：010—67004422　传真：010—87155801
http：//www.c-textilep.com
E-mail：faxing@c-textilep.com
中国纺织出版社天猫旗舰店
官方微博http：//weibo.com/2119887771
三河市延风印装有限公司印刷　各地新华书店经销
2019年7月第1版　2020年4月第3次印刷
开本：880×1230　1/32　印张：6
字数：180千字　定价：39.80元

前言

曾经有人问一个百岁老人长寿的秘诀，老人只说了一个字——熬。的确，对于这个跨世纪的老人而言，她不但经历了饥饿和战争，也经历了无数次的人生磨难。能够在一百年的时间里始终坚强地活着，并不是一件容易的事情。毕竟，人生顺境少、逆境多，而且人生的坎坷也并非人力所能左右，就像人类在大自然面前无力一样，人在命运面前也同样无计可施。在这种情况下，我们要向成功跨越挫折，唯有“熬”。这个“熬”字看起来也许有些悲观，然而并不绝望。

可以说，“熬”是一种态度，更是一种忍耐力，很多时候，一些看似我们迈不过去的坎儿，只要我们以绝对的意志力和坚韧不拔的精神顽强地“熬”过去，就能守得云开见月明。可以说，“熬”也是战胜苦难的一种方式，能够帮助我们跨越人生磨难的沟壑，成功实现自己的理想。

不管以何种方式面对磨难，强者的心态都应该是积极的。面对可以战胜的苦难，强者主动出击，面对无法战胜只能熬着的磨难，强者也能够保持乐观的心态。由此可见，我们想要最终战胜命运，就一定要保持良好的心态。记住，磨难总是暂时的，生命就如同一条奔腾不息的长河，既会把我们卷入旋涡之中，也会把我们带出苦难，迎接更美好的未来。

如果把人生比喻成茫茫的大海，那么我们就应该是操控命运的舵手。否则，一旦我们随波逐流，奔涌海水也许会把我们带到不知名的所在，也许会导致我们的人生之舟触礁沉没。即使风再大、浪再高，我们也要牢牢握住命运之舵，永不放手。

当然，真正的"熬"并不是消极退缩，而是一种力量的积蓄，一种等待，是成功前的沉默。人们常说，高段位的选手都有超于常人的忍耐力，的确，如果我们没有忍住不显示才华的定力，就避不开心怀叵测的缠绕，也就看不见其后的功成名就的机遇。只有学会掩盖自己的锋芒，才能让自己在不显山露水中茁壮成长，在众人的毫不知情中完成量到质的蜕变。

所谓"文武之道，一张一弛；人生之路，宽严并济"，一个人拥有了忍耐力，就拥有了战胜一切的力量，因为忍耐不仅是一种人生力度，也是一种代表人生韧度的标尺。

本书精选了古今中外的各种实例，内容涉及文坛巨匠、商界精英、科学泰斗等，为大家讲述他们光环背后鲜为人知的故事，旨在让大家看到忍耐的巨大力量，看到其是怎样影响和塑造一个成功者的。希望广大读者阅读之后受到启发，练就超强的忍耐力，找到属于自己的精神力量。如此，你早晚会拥有所有的光芒，纵使成功的道路上布满荆棘，你也能穿过黑暗、等到黎明，见到花开。

编著者

2018年8月

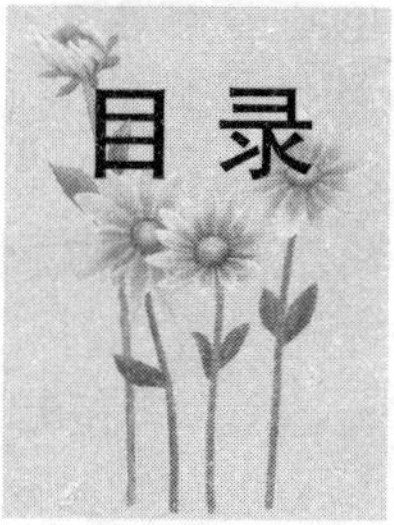
目录

第01章

每一次艰难，都让你成长

生活中，我们经常强调意志力的重要性，因为人生不会一帆风顺，总会有这样那样的艰难时刻。身处艰难时刻，你失去什么都可以，唯一不能失去的是信心和勇气。因此，我们不管经历多少不幸和挫折，内心依然要火热、镇定和自信，以屡败屡战和永不放弃的精神去对付挫折和困境。如此，你就会不断强大起来。

绝境，更能激起必胜的斗志

有人说，只有一条路可走的人往往最容易成功。也许你会产生疑问：这是为什么？因为别无选择，所以才会倾尽全力朝目标冲刺。有时，只有斩断自己的退路，才能把不可能变成可能。美国杰出的心理学家詹姆斯的研究表明：一个没有受逼迫和激励的人仅能发挥出潜能的20%~30%，而当他受到逼迫和激励时，其能力可以发挥出80%~90%。许多有识之士不但在逆境中敢于背水一战，即使在一帆风顺时，也会用切断后路的强烈刺激，为自己在通向成功的路上立起一块块胜利的路标。

的确，人在绝境或没有退路的时候，最容易产生爆发力，展示出非凡的潜能。为此，每个怀揣梦想的人，即使你已经置身于悬崖，即使你已经处于最恶劣、最不利的情况下，你也要保持必胜的决心，用强烈的刺激唤起那敢于超越一切的潜能。

汤姆·克鲁斯出身贫寒，在他12岁时，他的父母离异了，他同自己的五个姐妹被判给母亲。

在很长的一段时间内，克鲁斯患有阅读障碍症这一情况都没被母亲发现，以至于他学习起来总是很吃力，后来，在大家了解这一点后，他被送到了专为那些智力不足的孩子开设的“特教班”学习。因为这些，他很自卑，常常低着头，沉默寡言。

进入中学后，他发现自己很喜欢电影，于是开始尝试演一些戏剧，然而，他获得的评价是“热情得过了头”。

1981年，克鲁斯来到洛杉矶，开始参与群演，他获得的第一个角色是一部情景剧中的一个小配角。到了1983年，他主演了4部电影，由于故事情节不佳和他表演稚嫩，这些影片非常失败。

在遭到了这么多的挫折之后，克鲁斯开始思考自身的不足，然后一步步克服和改进。在1986年的《壮志凌云》中，克鲁斯的表演终于获得观众认可，他也成为一大批美国年轻人心目中的偶像，此后他数度问鼎奥斯卡金像奖、美国电影金球奖。

汤姆·克鲁斯的经纪人保罗·瓦格纳说：“克鲁斯从许多的迷雾和荆棘中发出光来。他不断绕开上帝设置的障碍，并改变自己。”

生活中的人们在追求成功的过程中一定充满了挫折与失败。挫折是生活的组成部分，你总会遇到。社会间的万事万物，无一不是在挫折中前进的。但即使是灾难也不应让你垂头丧气。有时候，可能一次可怕的遭遇会使你倍备受打击、认为未来都失去了意义。在这种情况下，你必须相信：灾难中也常常蕴含着未来的机遇。

世上没有任何事情是不可能的，如果你有成就事业的强烈愿望，那么你已经成功了一半，剩下的就是用你的心去实现它了。

她从小就“与众不同”，因为患了小儿麻痹症，不要说像其他孩子那样欢快地跳跃奔跑，就连平常走路都做不到。寸步难行的她非常悲观和忧郁，当医生教她做一点运动，说这可能对她恢复健康有益时，她就像没有听到一般。随着年龄的增长，她的忧郁和自卑感越来越重，甚至，她拒绝所有人的靠近，但也有个例外——邻居家那个只有一只胳膊的老人成了她的好伙伴。老人是在一场战争中失去一只胳膊的，他非常乐观，她非常喜欢听老人讲故事。

这天，她被老人用轮椅推着去附近的一所幼儿园，操场上孩子们动听的歌声吸引了他们。当一首歌唱完时，老人说道：“我们为他们鼓掌吧！”她吃惊地看着老人，问道：“我的胳膊动不了，你只有一只胳膊，怎么鼓掌啊？”老人对她笑了笑，解开衬衣扣子，露出胸膛，用手掌拍起了胸膛……

那天晚上，她让父亲写了一张纸条，贴在墙上，上面是这样的一行字：“一只巴掌也能拍响。”从那之后，她开始积极配合医生。无论多么艰难和痛苦，她都咬牙坚持着。有一点进步了，她就以更大的受苦姿态，来求更大进步。甚至在父母不在时，她自己扔开支架，试着走路。蜕变的痛苦是牵扯到筋骨的，但是，她坚持着，她相信自己能够像其他孩子一样行走、奔跑。她要行走，她要奔跑……

11岁时，她终于扔掉支架。于是，她又开始向看着另一个更高的目标努力——她开始锻炼打篮球和参加田径运动。

1960年罗马奥运会女子100米跑决赛，当她以11秒18第一个撞线后，掌声雷动，人们都站起来为她喝彩，齐声欢呼着这个美国黑人的名字——威尔玛·鲁道夫。

那一届奥运会上，威尔玛·鲁道夫成为当时世界上跑得最快的女人，她共摘取了3枚金牌，也是第一个获得奥运女子百米冠军的黑人。

威尔玛·鲁道夫的故事告诉所有人，任何时候都不要放弃希望，哪怕只剩下一只胳膊，也可以为生命喝彩。要说成功有什么秘诀的话，那就是坚持，坚持，再坚持！当我们面临考验之际，往往会以为已经到了绝境，但此时，不妨静下心来想一想，难道真的没有机会了吗？当然不，只要你满怀希望，你会发现，你在经受的只是一个考验，考验过去就是光明，就是成功。

奥斯特洛夫斯基说得好："人的生命似洪水在奔腾，不遇着岛屿和暗礁，难以激起美丽的浪花。"如果你在失败面前勇敢进攻，那么人生就会是一个缤纷多彩的世界。也正如巴尔扎克的比喻："挫折就像一块石头，对弱者来说是绊脚石，使你停步不前；对强者来说却是垫脚石，它会让你站得更高。"

生活中的人们，如果你已经成功了，你要由衷感谢的不是你的顺境，而是你的绝境。当你陷入绝境时，就证明你已经得到了上天的垂爱，将获得一次改变命运的机会。如果你已经走出了绝境，回首再看看，你会发现，自己要比想象中更伟大，更坚强，更聪明。

越是遭受磨难，越是要砥砺前行

没有人的一生会是一帆风顺的，尤其是在青涩的年少时光，我们更要付出巨大的努力，为了实现自己的人生目标决不放弃。如此，我们才能在成长之后的回望中对自己说一声："嗨，感谢你！"的确，今日的我们要感谢昨日的我们，正是因为昨日的我们那么努力，我们才能拥有今日的成就和安逸的生活。相反，假如昨日的我们选择了安逸，那么今日的我们必然困顿，即使后悔，只怕也来不及了。

人生有很多个阶段，其中青春年少恰恰是经受磨难、帮助我们不断成长的阶段。想想吧，如果没有春日的播种，没有夏日的炙烤，我们如何能够在秋日迎来金秋的硕果累累呢！很多人都觉得成长是一瞬间的事情，实际上，成长是非常缓慢的过程，我们必须在人生中经历很多事情，才能最终成长和成熟起来。也不乏有些人，哪怕穷尽一生，也无法做到顺利成长。究其原因，在于他们放纵了自己的年少轻狂，而不去反思和努力。

与其被动地接受成长，不如主动地拥抱成长。需要注意的是，成长对于每个人都是完全不同的。有些人的成长非常顺利，有些人的成长充满了坎坷与挫折。我们必须接受自己的成长方式，才能从容拥抱未来。

小马是个农村的孩子，从小就在天地山野间长大。看到父母面朝黄土背朝天地终日劳动，他暗暗下定决心，一定要鲤鱼跳龙门，彻底改变命运。为此，他非常努力地学习，当别的同学玩耍时，他却在辛苦地读书。然而，正当他准备好一切等待迎接高考到来时，他因为高考体检被查出患有肝炎，失去了参加高考的资格。为此，小马非常痛苦，也不甘心，他苦苦央求父亲再给他一次机会，他坚信自己一定能考上大学。

父亲沉默地抽着旱烟袋，不知道应该说些什么。但是看到小马充满渴望的眼神，父亲心碎了。他很清楚，他的决定关系着孩子一生的命运。抽完旱烟，父亲开始东拼西凑地为小马准备学费。这一年，村里说什么的都有，毕竟，因为体检被查出肝炎而被拒之于高考门外的事情并非时有发生。在这一年之中，小马每天都承受着巨大的压力，好不容易结束高考，却发现命运再次和他开了个玩笑。他以一分之差，与理想的大学失之交臂。看着同学们都欢天喜地地踏上去大学的行程，他心如刀绞。那个九月，他几乎每天都和父亲一起下地干活，他一干就是一整天，似乎恨不得把一切都埋到土地中。一个月之后，小马变得黝黑强壮，而父亲却更加沉默不语。突然有一天，父亲让小马再次报名参加补习班，父亲让小马再复读一年、再次参加高考。

这一年，小马很清楚这是自己人生中的最后一次机会。经过一年的奋力拼搏，小马在经历黑色的六月之后，终于等来了期盼已久的大学录取通知书。父亲长满皱纹的脸上老泪纵横，每一滴眼泪都重重地砸在小马的心里。如今，小马已经以优异的成绩从大学毕业，而且获得了很好的工作。回忆往昔，他永远也无法忘记人生中的三次高考，更无法忘记父亲那沉默地抽着旱烟袋的身影。

人生路上，每个人都会经历一段孤独的旅程。在这个阶段，没有人能够陪伴我们，更没有人能够消除我们的寂寞和无奈。很多时候，我们只能独自面对人生的各种经历，归根结底，人生是我们自己的，而不是任何其他人的。所以我们必须在孤独中学会等待，熬过漫长的孤独，就像蚕茧中的蚕蛹等待破茧而出的那一刻一样。我们要相信自己，只要我们积聚力量，只要我们心怀希望，我们就能超越一切苦难，获得成长。

朋友们，相信你们对于自己的成长经历都有着深刻的印象和独特的感悟，那就像是我们人生之中某个阶段的剪影一样。我们必须非常努力，决不放弃，才能在烈日炎炎之中如同风一般自由奔跑。正如西方的一位著名作家所说的，冬天已经来了，春天还会远吗？当我们遭遇人生中黎明前的黑暗时，我们要坚信，黎明即将冲破黑暗到来，也为我们的人生带来伟大的变化。

跑赢时间，才能把人生过得风生水起

岁月匆匆而过，无论我们是否愿意，时间的长河总是一路向前。对于每个人来说，时间都是公平的。它不会为任何人停留，也不会以任何人的意志为转移。常言道，时间不等人，的确如此，时间从来不会等任何人。时间有自己的脚步，总是坚定不移地朝前走去。记得大文豪鲁迅先生曾经说，浪费别人的时间等于谋财害命，浪费自己的时间，等于慢性自杀。由此可见，时间对于任何人而言都是非常宝贵的，都值得珍惜，不能白白浪费。

人们常说，生活如同逆水行舟，不进则退。实际上，在时间中成长，也如同逆水行舟。假如我们的成长跟不上时间的脚步，那么我们也必然会落后。在中国四大名著之一的《西游记》之中，那些小妖怪总是能够抓住唐僧，却因为大王磨磨叽叽地没有及时吃唐僧肉，导致孙悟空总是能够顺利救走唐僧。最终，这些妖魔鬼怪非但没有吃到唐僧肉一饱口福，反而被孙悟空打死，不得不说是自作自受。当然，这只是神话传说，但是其中也蕴含着珍惜时间的道理。现实生活中，因为没有珍惜时间导致事与愿违的事例比比皆是，无不使人心生遗憾。

大学毕业后，小雅先是在老家从事教师的工作，后来因为觉得工作没有挑战性、人生没有希望，最终下定决心辞职，孤身一人来到上海闯荡。毫无疑问，像小雅这样普通师范学校毕业的学生，在上海很难找工作，因为有太多的人学历比她高，经验比她丰富，阅历也比她更多。直到一个多月后，小雅才找到一份销售二手房的工作。不过，她的内心很忐忑，因为她从来没有做过销售，根本不知道自己能否适应这份工作。

进入公司后，小雅先是拜师学艺，跟随一位经验丰富的销售人员学习。在掌握最基本的知识之后，她正式开始工作。小雅始终牢记笨鸟先飞的道理，公司规定每天八点半上班，她八点之前就到公司，打开电脑开始查找房源，寻找在网络上求购的客户。晚上，公司规定六点下班，小雅想到自己回家之后也没有什么事情可做的，就在公司待到七点多，多做一些琐碎的工作。就这样，出师不到一个月，小雅就顺利卖出去一套二手房，这简直是神速。很多经验丰富的销售员都问小雅是否从事过销售，小雅当然如实回答，说自己只在老家当过老师，但是那些同事都不相信，非说小雅一定从事过销售工作，因为小雅的工作效率实在很高，而且卓有成效。

实际上，小雅并没有从事过销售工作。她之所以能够成功将房子推销出去，就是因为她一直早出晚归，把更多的时间用于工作。所谓笨鸟先飞，一则是要勤奋，二则是要抢占先机，这样才能最大限度挖掘和发挥自身的潜力，从而让自己成功。

现实生活中，很多朋友都有拖延的毛病。殊不知，拖延不但会使我们失去千载难逢的好机会，也会耽误工作和学习。朋友们，既然有了梦想，我们就必须风雨兼程，朝着梦想和目标不断努力。我们要相信自己，一旦我们真正迈出了第一步，我们就能与时间保持同步的速度，不断奋勇前进。

当然，很多朋友都知道不应该浪费时间、浪费生命。实际上，珍惜时间并非一定要争分夺秒，而是要把我们有限的时间都用于做最有意义的事情上。人生路上，每个人从呱呱坠地开始，就已经在与时间赛跑。与其说是时间跑得太快了，不如说是我们跑得太慢了。我们看看周围的人和事情，再反思一下自己是否真的认真努力，我们就知道自己是否跑过了时间。很多朋友都知道龟兔赛跑的故事，这个故事对于我们的人生也有很深刻的教育意义。在人生之中，我们唯有保持恒心，坚持不懈地努力，最终才能赢得时间，才能把人生过得风生水起。

克服内心的恐惧，才能拥抱人生

每个人的内心深处都有恐惧在作祟，这份恐惧或者来自于未知、无法把握的未来，或者来自于生命的挑战给我们造成的障碍。更多的时候，我们在面对抉择时更加恐惧。这是因为，我们不知道选择之后会面对怎样的结果。尤其是对于那些特别重要的事情，我们更是感到莫名其妙地恐慌，甚至满怀忧虑。在这种情况下，我们最希望岁月静好，也希望一切都能在自己的把握之中。

现实生活中的绝大多数人都害怕创新和改革，更不敢肆意冒险。实际上，古今中外，有几个青史留名的名人面对恐惧时选择了退缩呢！毋庸置疑，他们也是人，而不是神，因此他们在面对各种危机时也会产生恐惧。他们之所以成功，是因为他们在面对内心的恐惧时没有选择退缩，而是选择了面对。没错，对于每个人而言，最深切的恐惧并非来自于外界，而是来自于自己的内心。很多时候，内心的恐惧就如同囚牢，使我们被牢牢禁锢，无法摆脱。

对于那些不断遭受失败的人，所谓的明智者也许会感到啼笑皆非，对其愚蠢的行为不以为然。实际上，不断地尝试并非一种愚蠢，而只是傻傻地坚持。人们之所以坚持，一定是因为相信自己终有一日能够获得成功，所以他们才张开怀抱迎接生命的挑战，从不妥协。可以说，他们是战胜了内心恐惧的人，他们是坦然面对生活重重困难和磨难的人，他们才是人生中真正的强者。对于任何人而言，除了内心的恐惧，没有东西能够击垮他。所以，我们也必须战胜内心的恐惧，才能拥抱人生，才能收获人生。

2001年，纽约的股市发生很大的波动，当时，威尔逊在WWD资产管理公司当操盘手。要知道，这家公司是以“整个美国最激进投资策略”而闻名于世的。对于当时的恶劣情况，威尔逊一觉醒来，简直觉得到了世界末日。在此之前，他苦心经营得到的那点儿自信，全都消失了。他不知道如何向客户解释股票的一夜暴跌，也不知道如何帮助客户保持心情的平静，更不知道自己如何还能鼓起勇气面对未来。

在当时的威尔逊心里，这是一场不折不扣的股灾，他曾经游刃有余的投资市场，眼下让他感到心惊胆战。毫无疑问，人人都渴望实现自身资产的升值，但是大多数人都只看到了盈利，而没有看到损失。所以，对于这些大部分都没有准备好的投资者，威尔逊感到无计可施。想当初，面对华尔街的金融风暴，有个投资人心中产生了严重的阴影。尽管他理智上知道这个机会适合抄底，而且巴菲特的确在大量买入，但是他因为恐惧而止步不前。他的名字叫艾伯。后来，艾伯因为合作伙伴的离开以及随之而至的诸多困难，选择了自杀——他实际上死于自己内心的恐惧。

金融市场和战场很像，试想，对于一个惧怕战斗的士兵而言，如何能够在战场上战胜敌人、获得胜利呢？那么，对于在金融市场奋斗的战士而言，如何能够在惧怕的情况下游走于规则之间、获得胜利呢？现实生活就是如此残酷，我们几乎每时每刻都在面对生存的挑战，所以我们必须战胜内心的恐惧，从而更加从容地面对生活的一切。

尤其是当我们已经习惯了恐惧时，我们就会更加害怕失败，因为那是我们的生命无法承受的。当恐惧心理占据上风，我们的内心就会如同决堤，导致恐惧如同滔天巨浪一样席卷而来，这样的后果无疑是可怕的。

任何时候，都不要告诉自己“我不行”“我不可能获得成功”，不要让内心的恐惧打倒自己。我们必须在内心深处树立起勇敢的旗帜，从而帮助我们迎接命运的挑战，得到人生最佳的结局。

人生道路中的磨难，也是帮助自己蜕变的机会

台湾著名美学大师蒋勋曾写道：“每个人完成自我，才是心灵的自由状态；每一个人按照自己想要的样子完成自己，那就是美，完全不必有相对性。天地之下可以无所不美，因为每个人都发现自己存在的特殊性。大自然中，从来不会有一朵花去模仿另一朵花；每一朵花对自己存在的状态非常有自信。”面对人生道路中的磨难，有的人选择了“枯萎”，因为他们认定自己就是失败的；有的人则选择了完美地绽放，因为他们坚信自己才是最美的。人生中的磨难是不能避免的，它是客观存在的，既然它早已经存在，我们又何必去生气呢？它来了，我们就迎难而上，在磨难中重塑出更加完美的自己。很多人在面对磨难的时候，心底就会传出这样的声音：我战胜不了。在消极情绪的主导下，磨难还没有开始，他们就主动放弃了，后来，他们错过了蜕变的最后机会。

1921年夏天，年近39岁的富兰克林·罗斯福在海中游泳时突然双腿麻痹，后来经过诊断是患了脊髓灰质炎。这时，他已经是美国政府的参议员了，是政坛上的热门人物。疾病的打击令他心灰意冷，打算退隐回到家乡。刚开始的时候，他一点都不想动，每天必须坐在轮椅上，但是，他讨厌整天别人把他抬下抬下，于是，到了晚上，他就一个人偷偷地练习怎么样上

楼梯。经过一段时间的练习，一天他得意地告诉家人：“我发明了一种上楼梯的方法，表演给你们看。”他先用手臂的力量把自己的身体支撑起来，慢慢挪到台阶上，然后再把双腿拖上去，就这样一个台阶一个台阶艰难地爬上了楼梯。母亲阻止儿子，说：“你这样在地上拖来拖去，给别人看见了多难看！”富兰克林·罗斯福却断然地说：“我必须面对自己的耻辱和磨难。”

历史向我们证明，磨难并没有成为富兰克林·罗斯福人生成功的阻碍，甚至，它在一定程度上帮助他成为了美国历史上最伟大的总统。因为磨难，罗斯福更加坚定了自己的人生追求、加快了向前的步伐，最后，他成功了。磨难降临时，有的人心底立即就产生了“败气”，他开始逃避，挑战还没有真正开始，他就被打倒了。

格连·康宁罕在8岁的时候，双腿在一场爆炸事故中严重受伤，当时，他的双腿上几乎没有一块完整的肌肤。医生毫不犹豫地断言：“你此生再也无法行走。”父母满脸悲伤，康宁罕却没有哭泣，而是大声宣誓：“我一定要站起来！”在床上躺了两个月之后，康宁罕便尝试着下床了，为了不让父母看见伤心，他总是背着父母，拄着父母为自己做的小拐杖在房间里慢慢挪动，钻心的疼痛将他一次次击倒，令他跌得浑身是伤，但康宁罕并不在乎身体上的疼痛，反而咬着牙挣扎着站起来。他坚信自己一定可以重新站起来，重新走路，甚至奔跑。经过了几个月痛苦的练习，康宁罕的两条腿可以慢慢地屈伸了，他在心底为自己默默欢呼："我站起来了！我站起来了！"

在医院里，康宁罕想起了离家两英里的一个湖泊，他怀念那里的蓝天，怀念那里的小伙伴。他想再次走到湖泊旁，与小伙伴一起玩耍。怀着这样一个美好的心愿，康宁罕更加坚强地锻炼着自己。两年之后，康宁罕凭借着自己的坚韧和毅力，走到了湖泊边。从此，他又开始练习跑步，把农场上的牛马作为自己追逐的对象，几年如一日，从来没有放弃过。最后，他的双腿奇迹般地强壮了起来，他不断地挑战自己，成为美国历史上著名的长跑运动员。

或许，康宁罕的身体是残缺的，但是，他的心灵是异常完美的，即使遭受了多么大的磨难，他依然保持健康的心理，以乐观积极的心态面对生活。曾听说过这样一个故事：一位刚刚毕业的大学生在一次体检中被检验出是乙肝病毒携带者，因为这张诊断书，她的求职被几家公司拒绝，得到这个消息后，她从病床上一跃而起，便往墙上撞去，幸好护士及时拉住了她的衣服。尽管医生告诉她这没有任何危险，但是，在复查过程中，她的情绪变得十分恶劣，动不动就发脾气，似乎自己求职失败是其他人的过错。磨难来得无声无息，它总是在悄悄地考验我们的毅力和坚韧，如果我们能够顽强抗争，逃离磨难的阴影，那么，我们将重新给心以幸福的方向，自己也将变得更加完美。

齐克果说："一旦一个人自我设限，并且一直认定自己就是个什么样的人，他就是在否定自己，他甚至不会自我挑战，只想任由自己一直如此下去，而这终将导致自我毁灭。"磨难是上天给我们的考验，它不是我们最终的归宿，甚至，它是一座修炼人生的高等学府，你是否能从这里毕业，意味着你人生的成败，更何况，磨难带给你的，比它本身更有意义。

1.人生是一个不断完善的过程

对于我们来说，人生是一个不断完善的过程，就像蚕茧一点点褪去，蜕变为美丽的蝴蝶。人也一样，在磨难中，我们将得到重塑，经历了磨难，我们将变得更加完美，同时，也更接近成功。

2.每一次磨难都是一次人生历练

每一次磨难，都是一次人生历练，强者会变得更坚强，弱者会变得更软弱，想做一个完美的强者，就要不断地完善自己，克制内心沮丧、愤怒的情绪，勇敢地向前行。面对磨难，不要自暴自弃，不要灰心丧气，不要生气，勇敢向前，你会发现，磨难将成为你人生最珍贵的记忆。

第02章

黑夜如此漫长，熬得住方可看到天亮

我们都知道，没有人能随随便便成功，自古以来，许多卓有成就的人，都是经受住了长时期的煎熬、忍耐枯燥与痛苦之后，从逆境中奋斗挣扎过来的。在哈佛有一句名言：“请享受无法回避的痛苦，比别人更早更勤奋地努力，才能尝到成功的滋味。”在人生的道路上，我们若想有所收获，就必须“熬”，学会吃苦，学会苦中作乐，才能先苦后甜。

人生因逆境风雨而变得多姿多彩

佛家曰：“每个困境都有其存在的正面价值。”生活中，人们听到“困境”“挫折”这样的词儿总是紧皱眉头，郁郁不得志。在他们看来，困境意味着绝路，或许，自己再也没有翻身的那一天了。但事实并不是这样，大凡成大事者，都是从困境风雨中走了过来，从而获得了巨大的成功。也许，你会问，同样是困境，怎么会出现这样大的差别呢？那是因为，困境本身自有它积极的一面，在困境风雨中，那些坚持下来的人，往往会收获一份意想不到的礼物——或是乐观的心态，或是顽强的斗志，或是困难中的机遇，正是这些困境中获得的经验与教训，铸就了他们最后的成功。

人生因逆境风雨的历练而变得多姿多彩。也许我们并不欢迎困境、磨难的到来，但是，当它们与我们不期而遇的时候，请不要调转回头。困境就好似一个魔鬼，一旦它看上你，就会对你穷追猛打，不舍不弃。而那些躲避甚至逃跑的人，只会被它欺负得更加悲惨。

格哈德·施罗德出生在一个工人家庭，小时候，父亲在远征苏联的战争中牺牲，施罗德兄妹五人与母亲相依为命。有一段时间里，他们住在一个临时搭建的收容所里，尽管母亲每天工作长达14个小时，但仍然不能满足家里的开支。年仅6岁的施罗德总是安慰母亲：“别着急，妈妈，总有一天我会开着奔驰来接你的。”

逐渐长大的施罗德进了一家瓷器店当学徒，后来又在一家零售店当学徒，在1963年施罗德加入了民主党。在之后的10年里，他读完了夜校和中学，后来到格丁根通过上夜大来攻读法律。大学毕业后，他获得了律师资格，成为了一名律师，不久之后，他当选为社民党格廷根地区青年社会主义者联合会主席。在以后的日子里，施罗德一直活跃于德国政坛，46岁那年，施罗德再次竞选成功，成为萨克森州州长，就是在这一年，让施罗德实现了儿时的愿望，开着银灰色奔驰轿车将母亲接走了。也许，是儿时的苦难记忆，让施罗德在人生的道路上丝毫不敢懈怠，8年之后，施罗德一举击败连续执政16年之久的科尔，当选为德国新总理。

童年时期的施罗德曾在杂货铺里当学徒，那时他常说的一句话是：“我一定要从这里走出去！”他成功了，而且，比自己想象中走得更远。虽然，在成功的路上伴随着困难与逆境，但是，施罗德从来没有把逆境当成一回事，而是善于从逆境中获取自己想得到的礼物，儿时的记忆让他明白：必须牢牢抓住隐藏在困难中的机遇，不断地向前行。或许，那隐藏在逆境中的机遇，就是上天给予施罗德的礼物。

卡莉·费奥瑞娜从斯坦福大学法学院毕业以后，她所做的首份工作是某地产公司的电话接线员。费奥瑞娜每天的工作就是打字、复印、收发文件、整理文件等杂活，父母与亲戚对费奥瑞娜的工作感到不满意，认为一个斯坦福大学的毕业生不应该做些杂活。

但是，费奥瑞娜没有任何怨言，她一边努力工作，一边学习。有一天，公司的经纪人向费奥瑞娜问道："你能否帮忙写点文稿？"卡莉·费奥瑞娜点了点头，凭着这次撰写文稿的机会，她展露了自己卓越的才华。在以后的日子里，卡莉·费奥瑞娜不断向前发展，后来成为了惠普公司的CEO。

卡莉·费奥瑞娜刚开始进入社会的时候，不受重视，只能替人打杂跑腿，接受无端的批评、指责，得不到提携。但是，她并没有选择放弃，而是在逆境中继续忍耐，等待机遇的降临。

任何一个人在成长的过程中，注定要经历不同的苦难、荆棘，那些被困难、挫折击倒的人，他们必须忍受生活的平庸；而那些战胜苦难、挫折的人，他们能够突出重围，赢得成功。逆境所带来的礼物远比它本身有意义，当然，获取礼物的前提条件是你能够坚持下去，否则，你只会永远置身于平庸者之列。

如果你想成大事，那么，你必须经得起逆境风雨的洗礼，经得起失败的打击。成功是需要风雨的洗礼的，而一个有追求、有抱负的人，总是视挫折为动力。所谓“能受天磨真铁汉，不遭人嫉是庸才”，困境，对于天才来说是一块成功的跳板，对强者来说是一笔宝贵的财富。

战胜厄运，绝不能被厄运打倒

人是强大的，也是脆弱的。每当厄运突如其来的时候，人甚至无法抵挡厄运的侵蚀和袭击。很多朋友都曾有过这样的感受，即在遭遇厄运的时候，觉得天简直都要塌下来了，人生一瞬间变得昏暗无比，似乎永远再也见不到天日。的确，这就是人面对灾难时正常的心理反应，哪怕是一个强者，也会在短时间内出现类似的感受。在这种情况下，我们应该如何继续生活下去呢？

曾经，有位记者去山区采访一位一百多岁的老人，这个老人既经历过封建社会，也经历过日本侵略者的入侵，还度过了内战，后来幸福地活在新生活里。当记者问这个老人如何才能经历那么多苦难依然好好活着时，老人平静地说：“熬着。”没错，就是这两个字，虽然简单，却说出了人生的真谛。人生，真的需要熬着。我们既要承受苦难，也要承受挫折和磨难，尤其是当遭遇突然而至的沉重打击时，只要生命还在，只要尚且能够喘息，我们哪怕什么也不做，也要默默地忍受和承担——熬着。

没有人愿意在痛苦中生活，每个人都向往自由和幸福的生活。然而，这个世界上既没有绝对的自由，也没有毫无忧愁的幸福。每个人的人生都五味杂陈，苦乐掺半。我们要想突破自己的人生，取得更大的发展，就要战胜厄运，不被厄运扼住咽喉。记住，即便是厄运，也对强者无可奈何。

1880年6月27日，海伦·凯勒降临人世。她出生的时候非常健康，也很可爱。然而，在十九个月大的时候，海伦因为一场突如其来的大病，失去了视力和听力，从此生活在无声无光的世界里。身为一名重度残疾者，在成长的过程中，她一度因为自己身体的残疾而变得性格暴躁，且很具有攻击性。幸好，后来父母为她请来莎莉文老师，从此之后，莎莉文老师教会海伦读书认字，为她打开了通往世界的通道。海伦非常好学，凭着残疾之躯，在莎莉文老师的帮助下，她居然完成了大学阶段的教育成为人类历史上首位获得文学学士学位的聋哑人。

海伦虽然自身是重度残疾，但是她努力想要成为一个对世界、对人类有用的人。为了帮助更多的聋哑人改善生活和工作条件，她一直四处奔走，为残疾人募捐，为更多的残疾人造福。除此之外，海伦还把自己在聋哑世界里生活的经历分享给每一个人。她的自传《我的生活》，自从出版之后，就在美国引起强烈的反响，甚至有人将其称为“世界文学史上独一无二的杰作”。后来，海伦笔不辍耕，又创作了《中流》《走出黑暗》《假如给我三天光明》等诸多作品。《假如给我三天光明》被翻译成多种语言，在世界上流转，也给无数人带来了发自内心的勇气和力量。

作为一个重度残疾人，海伦在十九个月大时就失去了听力、视力。不得不说，这对于还不谙世事的她而言，是灭顶之灾。在刚开始失去听力和视力时，海伦还没有意识到自己与他人的异常，后来随着渐渐长大，她为此苦恼沉沦。幸好，后来她坦然接受命运的安排，在莎莉文老师的鼎力帮助下，成功地扼住命运的咽喉，没有向命运屈服。

朋友们，每个人在人生之中都会遭遇各种各样的厄运。假如我们被厄运打倒，一定会从此一蹶不振，再也没有站起来把握命运的机会。因此，在遭遇厄运时，我们一定要鼓起勇气站起来，努力地支撑自己。只要熬过了最难熬的时刻，你会发现，活着真好，活着就有希望，活着就有可能战胜一切困难。朋友们，让我们成为真正的强者吧，让我们在厄运面前顶天立地，绝不屈服。

韬光养晦，不要锋芒毕露

现代社会，很多年轻人都是独生子女，从小习惯独处的他们往往不懂得如何与人相处。尤其是在职场上，很多年轻人都锋芒毕露，不管做什么事情都争强好胜，恨不得把自己的一切力量都表现出来，以便博得众人的瞩目，取得更高的成就。然而，成功从来不是一蹴而就的，不管何时，我们要想获得成功，都必须付出坚持和毅力，才能水滴石穿、绳锯木断，最终取得成功。所以，年轻的朋友们，不要锋芒毕露，而要学会韬光养晦。

很多年轻人一直以来顺遂如意，从未遭遇过任何挫折。他们就像是温室里的花朵一样，看似娇艳，实际上却没有任何抵抗风雨的能力。等到灾难来袭时，他们往往会颓然失败，甚至无力反击。实际上，面对折磨，千万不要觉得沮丧，更不要因为绝望而放弃希望。我们唯有掩藏锋芒，借助于磨难韬光养晦，才能让自己在未来有一个更加成功的亮相。

毋庸置疑，每一个人都希望得到他人的认可和赞赏，有些人甚至觉得自己的价值就是被别人肯定。实际上，这是人的正常心理，完全无可厚非。但是，在面对这样的心理时，我们要端正心态，而不要走向极端。否则我们就会因此被他人嫉恨，也因为锋芒毕露而招致他人的敌视。

作为公司刚刚招聘进来的高材生，研究生毕业的小崔对于公司里的同事很不以为然。他始终记得老总说服他来公司时说的，“我们公司虽然是小公司，却很爱惜人才，而且公司里现在的员工大多文化层次不高，所以我诚挚邀请你加入公司，为公司注入新鲜的血液”。原本，小崔还因为就业形势严峻而对自己的前途感到担忧呢，突然之间自己就变成老板求之不得的人才，所以他未免有些飘飘然起来。

刚刚进入公司时，小崔并没有虚心请教老同事在工作上需要注意些什么，而是自以为然、高高在上。那些老同事只是大专生或末流的本科生，所以他对于自己毕业于名牌大学的研究生学历感到非常满意。渐渐地，老同事们都非常讨厌小崔。有一次，小崔接到老板布置的一个重要任务，因为缺乏工作经验，他对于项目的具体操作有很多不懂的地方。当他请教同事们时，同事们全都推说自己手头的工作很忙，没有人愿意帮助小崔。最终，仅凭一己之力的小崔非但没有完成项目，反而把项目搞砸了，为此失去了工作。小崔至此才感到懊悔，决定以后再也不轻视任何经验丰富的老同事了。

做人，一定要有实力，更要有韬光养晦的精神。很多人虽然实力很强，却四处张扬，最终处处树敌，以致自己的身边强敌林立，对自己形成很多的阻碍，使得自己无法取得成就。相反，懂得韬光养晦的人对于自己的成长有足够的耐心，哪怕明知自己实力很强，也不会故意吹嘘。就像是每个人都知道自己的幸福一样，他们也知道自己的实力，并且为此不断努力。古人云，知己知彼，百战不殆。任何时候，不管我们的实力是强还是弱，我们都不应该成为他人眼中的透明人，更不要被他人了解得清清楚楚。否则，我们就会被他人所熟知，他人一旦掌握了我们的弱点，知道了我们的实力，要想战胜我们就会变得很容易。

朋友们，当遭遇逆境的时候，千万不要四处抱怨、喋喋不休，而应借此机会提升自我，让自己不断取得进步，最终成就更强大的自己。当我们在适当的时机隆重亮相时，相信我们一定会赢得他人的瞩目，从而彻底征服他人。

一往无前，置之死地而后生

现实生活中，我们常常感到害怕，甚至觉得前面没有路可走了，因而心生恐惧。人生真的有绝境吗？现实是，人生是没有绝境的。不管什么时候，当我们感到害怕，而且觉得毫无选择时，不如把自己置之死地，这样才能做到重生，才能驱赶走我们心底里的恐惧，让我们更加勇敢，一往无前地前进。

很多朋友喜欢旅行，也走过世界各地的山山水水，相信大家都会发现，在这个世界上，大多数道路都是蜿蜒曲折的，很少有道路是笔直向前的。换个角度来看，现代文明使我们拥有很多平坦的大道，但是，要想欣赏绮丽的风景，我们就要走到人迹罕至的小路上，它不但弯曲，而且坎坷不平。实际上，人生又何尝不是如此呢！如果用路来比喻人生，人生绝不是被高楼大厦包围的笔直大道，而是那些蜿蜒曲折的山间小路。在路上，我们既有机会欣赏美丽的风景，也会遭遇浅滩溪流，或者是高山险阻。总而言之，我们唯有坚定不移地前进，才能最终赢得光辉的人生。要知道，理想总是在高山之巅，要想实现梦想和理想，我们就必须鼓起勇气，在绝境中勇往直前，这样才能山重水尽疑无路，柳暗花明又一村，这才是人生中最高尚的境界。

生活是艰难的，每个人都要饱尝生活的坎坷。也因为各种各样的窘境，我们常常会觉得生活已经无路可走了。正所谓光脚的不怕穿鞋的，既然我们没有更好的路走，那就恰恰意味着我们不管走往哪里，都是在前进，都比保持现状更好。很多聪明的人常说，当事情糟糕到不能再糟糕的程度，也就恰恰意味着状况开始好转。举例而言，当我们置身于重重山峦的谷底时，那么我们每走一步都是向上的攀登。人生也恰恰如此。

一段时间，小娜的人生进入极端低落期。大学毕业后，小娜回到家乡的一所小学在教，因为工作的局限，她并没有机会为自己寻找合适的男朋友，所以她在同事的介绍下与一位在北京打工的男性结婚了。当时的小娜，工作上并不如意，因而一心一意想跟着丈夫去到北京。但是婆婆不乐意了，说："我们娶你，就是因为觉得你有稳定的工作。要是早知道你要辞职跟着去北京，我们还不娶你了呢！"婆婆的话，小娜并没有放在心上，虽然她对丈夫并没有多少感情和了解，但她总觉得自己的人生需要改变，她一刻也不想待在这个闭塞的小城市了。

在小娜的坚持下，丈夫答应了小娜的要求。就这样，小娜跟着丈夫一起去了北京。但是，糟糕的事情接踵而来。不到一年，小娜怀孕了，此时却发现丈夫与他的前女友还有不清不白的关系。小娜这才知道，原来，丈夫当初和前女友分手，并非感情问题，而是因为前女友是乙肝病患者，所以婆婆才狠心拆散了他们。要知道，丈夫和前女友可是谈了好几年的恋爱啊。思来想去，小娜觉得非常懊丧。认识到自己与丈夫的感情根本不敌前女友，所以她改变想法，决定流产，结束婚姻。

随着婚姻的结束，孤身一人留在北京的小娜心如死灰，甚至产生了轻生的念头。但是思来想去，她还是决定要好好活着，毕竟父母辛苦抚养她长大，供养她读书，不是为了承受白发人送黑发人的痛苦。就这样，小娜痛定思痛，先是找了一份又苦又累的销售工作，每天都顶着炎炎烈日在大马路上散发传单，后来又不断跳槽。最终，凭着自己出色的能力，几年之后，小娜在一家房产经纪公司成为一名管理人员，变成了不折不扣的白领。此时的她，虽然有过短暂婚史，但是因为没有孩子的牵挂，而且因为自身特别优秀，所以得到了很多男士的主动追求。不得不说，小娜迎来了人生的春天。

曾经，命运对于小娜非常残酷，也使得她万念俱灰。幸好，小娜从未放弃过自己人生的理想，更没有放弃自己的责任和义务。所以，她才能鼓起勇气，重新扬起生命的风帆，一往无前。果不其然，对于凡事都坠入低谷的小娜而言，每一步前进都是高攀，都是向着人生的高峰不断攀登。永不放弃的小娜，最终迎来了人生的春天，也证明了自己的实力。

朋友们，任何时候，都不要对过去的不幸耿耿于怀，更不要因为害怕失去而畏手畏脚。也许我们人生的现状如此糟糕反倒是一件好事情，我们会因为一无所有而变得无所畏惧。记住，生命不应该是一潭死水，而应该是一潭充满生命力的活水。任何时候，只要我们不放弃，我们就会拥有希望和永不凋谢的未来。

咬咬牙，再忍一忍就过去了

谁都希望人生路上一帆风顺，都希望获得命运的垂青、一举成功，但没有人能随随便便成功，这条路并不是那么好走，每个人需要经受各种考验，其中就有失败。但勇敢的人从不会被失败打倒，而是把失败当成成功的垫脚石，从失败中崛起。在困境中，他们会告诉自己，咬咬牙，忍一忍就过去了。他们不畏惧风雨，不怕挫折，不惧坎坷，所以最后他们成功了。

所以，我们需要明白的是，人生之所以有失败，是因为我们要突破要挑战。身陷绝境，就不要诅咒。失败是你错误想法的结束，也是你选择正确做法的开始。你不在绝境中发迹，就在绝境中沦落。处在绝望境地的奋斗，最能启发人潜伏着的内在力量；没有这种奋斗，便永远不会发现真正的力量。

当然，坚持不是原地踏步，它是在逆流中向前，是顶着压力向上；它是积极地争取，而不是无奈地等待……你也许正在黑暗的夜色中摸索，但紧接着到来的不就是光明的早晨吗？坚持是一个过程，而且往往是一个漫长的过程。只有保持一种坚韧不拔、百折不挠的执着和顽强，保持足够的耐心和毅力，才有可能走完这个过程。

1952年7月4日的清晨，浓浓大雾笼罩整个海岸，一位34岁的妇女，从海岸以西21英里的卡塔林纳岛上涉水下到太平洋中，开始向加州海岸游过去。这次，如果她成功了，她就是第一个游过这个海峡的妇女，这名妇女叫费罗伦丝·查德威克。

在此之前，她是从英法两边海岸游过英吉利海峡的第一个妇女。当时，雾很大，海水冻得她身体发抖，她几乎看不到护送她的船。时间慢慢前行，千千万万的人在电视上看着。在以往这类渡游中，最大的困难不是疲劳，而是冰凉刺骨的海水。15个钟头之后，她浑身冻得发麻又很累。她感觉自己不能再游了，就叫人把她拉上船。

在另一条船上的她的母亲和教练都告诉她海岸已经很近了，叫她不要放弃。但她朝加州海岸望去，除了浓雾什么也看不到。几十分钟之后，人们将她拉上船。又过了几个钟头，她渐渐暖和了，这时她回忆起自己渡游的经历，她不假思索地对记者说："说实在的，我不是为自己推脱，如果当时我看见陆地，我能坚持下来。"其实，人们拉她上船的地点，离加州海岸只有半英里！

后来她说，令她半途而废的既不是疲劳，也不是寒冷，而是因为她在浓雾中看不到目标。查德威克小姐一生就只有这一次没有坚持到底。两月后的一天，她成功地游过了这个海峡。她不但是第一位游过卡塔林纳海峡的女性，而且她以提前两个钟头的成绩打破了男子纪录。

这一故事中的女主人公查德威克的确是个游泳好手。为什么第一次她没有游过卡塔林纳海峡？正如她说的，因为她看不到目标，看不到终点，最终她放弃了。而在第二次的尝试过程中，她能游过同一海峡，是因为她鼓起了勇气。

生命的境界就是如此。在你生命的过程中，不论是爱情、事业还是学问等等，你勇往直前，到后来竟然发现那是一条绝路，没法走下去了，山穷水尽，至此，悲哀失落的心境难免出现。此时，不妨往旁边或回头看看，也许有别的通路；如果根本没有路可走了，那么，往天空看吧！虽然身体在绝境中，但是心还可以畅游太空，体会宽广深远的人生境界，再也不会觉得自己穷途末路。

我们都知道，无论做什么事，都有可能遇到困难，在困难面前，大部分人会选择放弃，而只有少数人还能坚持到最后的原因就是他们在困难面前懂得自我调整，他们坚定地相信自己坚持下去就一定会取得最后的成功，而大多数人却被暂时的困难和挫折蒙蔽了自己看到希望的眼睛！

奥斯特洛夫斯基说得好："人的生命似洪水在奔腾，不遇着岛屿和暗礁，难以激起美丽的浪花。"如果你在失败面前是勇敢进攻，那么人生就会是一个缤纷多彩的世界。也正如巴尔扎克的比喻："挫折就像一块石头，对弱者来说是绊脚石，使你停步不前；对强者来说却是垫脚石，它会让你站得更高。"

所以，如果你已经成功了，你要由衷感谢的不是你的顺境，而是你的绝境。当你陷入绝境时，就证明你已经得到了上天的垂爱，将获得一次改变命运的机会。如果你已经走出了绝境，回首再看看，你会发现，自己要比想象中更伟大，更坚强，更聪明。

第03章

即使你再平凡，也有绽放的惊艳

生活中，我们大部分人都是平凡的，然而，我们可以平凡，却不能平庸，而改变平庸力量的就是自己的努力。在人生路上的种种战役中，若总是缺乏主动性和信心，那么，你的这场人生之战最终只会失败。的确，我们每个人都要记住，每个人的命运，只能靠自己设计，靠自己转弯，现在的你可以一无所有，但不能一无是处，你要时刻坚信自己，才能战胜灵魂深处的弱点，才能成就强大的自己。

你虽渺小，但无人可替代

生活在这个世界，许多人都认为自己是渺小的、容易被忽视的。他们心里常常会这样想：我不过就是一个小人物，又能有多大的作为呢？在这样的心理作用下，他们变得越来越自卑，不敢相信自己，甚至否定自己的能力与学识。

其实，谁不是渺小的呢？但是，我们更应该记住，即使再渺小的人和事，他们也有着不可替代的功用。哪怕是路边不起眼的一丛小草，它们也为这个世界增添了一抹动人的绿意。或许，它们在你眼里是极其渺小的，甚至可以忽略不计，但是，它们对于这个世界依然有点缀的作用。更何况我们还生存着，拥有着生命，我们对于这个世界更有着不可替代的作用。

他三代单传，爷爷和父亲都是面朝黄土背朝天的农民，他觉得自己一定要有出息。可是，成绩还不错的他在高考那年落榜了，失望的他偶然听到“自古军营多俊才”，他想：说不定自己到部队还能干出点名堂、混出个模样来。他怀揣着梦想来到了部队，做了一名普通的通信兵。刚开始的时候，他很高兴、自豪；可是，日子久了，整天不是爬杆架线就是打线结，要不就是背着线跑来跑去，他开始犹豫了，当个小卒有啥用？他开始食不甘味，什么也不想干了。

有一次，他与战友下象棋，一开局，他就开始发起了猛攻，“炮当头”“把马跳”“出车”“走相”，你来我往，各不相让。没想到，战友将不起眼的小卒用得很好，小卒过河之后，竟撵着他的“车”“马”躲躲闪闪，最终他输在了对方的小卒上。“怎么样，小卒子挺厉害吧？”战友面带微笑地望着他。他虽然嘴上说厉害，但心里还是不服，于是他又请对方再来了一局，结果他还是输在了小卒上，这下他真的服了。

原来，那不起眼的小卒也有着不可替代的功用。

有句话叫作“小卒过河赛大车”，小卒，看起来不起眼，但是，它发挥出的作用是很大的。或许，在生活中，我们只是平凡岗位上的一名普通职员，不过，即使在最平凡的岗位上我们依然可以做出不平凡的事情来。无论多小的工作，你都为这个社会带来了利益，那就是你不可替代的作用。

中山国君宴请都城里的军士，其中有个大夫司马子期，不过他没有分得羊羹，他感到被怠慢了。生气的司马子期跑到楚国，劝说楚王攻打中山国。在庞大楚军的威逼下，中山君被迫逃走。在他逃走时，身边只有两个人寸步不离地保护着他。

中山君感到疑惑，问道：“别人都跑了，你们为什么不逃跑呢？”其中一人回答说：“我们是兄弟，之前我们的父亲快要饿死的时候，是你拿了食物救活了他。所以父亲临终时嘱咐我们：‘如果中山君有难，你们一定要尽力报效他。’所以我们决心以死保护你。”

听到这话，中山君仰天而叹：“给予，不在于多少，而在于正当别人困难时；怨恨，不在于深浅，而在于恰恰损害别人的心。我因为一杯羊羹逃亡，也因一碗饭获得了两个愿意为自己效力的勇士。”

很多时候，小人物并不小，有时甚至会发挥出比大人物还重要的作用。当然，世界是不停变化的，这个世界没有一成不变的事情。那些看起来默默无闻的小人物也不会甘于永远充当小角色，或许有一天，他们会变成厉害的大人物。

所谓“小卒过河赛大车”，小卒过了河，便有万夫不当之勇。在那楚河汉界，车马炮看见小卒过了河，也不免心惊肉跳，即便是再威武的将军，最后也免不了被小卒吃掉的下场。或许，在生活中，我们就是那不起眼的小卒，可能是街边的清洁工，可能是普通的小职员，可能是一个小士兵，可能是一个普通的服务员。我们既没有显赫的身世，也没有卓越的能力，每天所做的就是安分守己，贡献自己微薄的力量。

也许，你自认没有自信的筹码，但是，别忘记了，你依然是人群中的一分子，你的工作、你的事业依然是跟所有人联系在一起的。这就像是一条链子一样，若是少了一个小小的螺丝钉，就会影响到链子本身的作用。因此，千万不要忽视自己的作用，相信自己，小卒过河赛大车。

拒绝平庸，才能让自己的人生风生水起

很多人都在抱怨自己人生的平庸，其实，平庸的是我们自身，而不是我们的人生。从本质上来说，每个人的人生都是这个世界上独一无二的，这也就注定了人生的不平凡。但是，我们必须拒绝平庸，如此，我们才能远离平凡的人生，才能让自己的人生风生水起、卓尔不凡。

现实生活中，最尴尬的状态莫过于不上不下，遗憾的是，有很多人都处于这样的状态之中，而且无法有效改变自己的命运。如果把世界上所有人排列成队形，那么一定是个橄榄形，即位于两头的人很少，大多数人都在橄榄的大肚子里，踩在一端的头上，又被另一端踩在脚下。毫无疑问，每个人都想要爬到顶峰，从而享受一览众山小的美景。然而，要想成为人上人，我们必须要付出更多的艰辛和努力，才能打破平庸，创造人生。

经历了黑色的六月高考，而后又经历了漫长而又煎熬的等待，小马终于等来了大学的入学录取通知书。他不由得欢呼

雀跃，暗暗想道：太好了，我自由了，我终于可以离开家，不再被父母管教，我终于可以随心所欲地过自己想要的生活。因而，去大学报道的时候，他就像是一个刚刚出笼的鸟儿一样，自由、兴奋，甚至迷茫。

开学后，小马很快熟悉了大学校园，也过上了自己想要的生活。然而，他很不喜欢班级里的一个男同学——小郑。小郑来自偏僻的甘肃农村，是他们整个县里唯一一个考到北京读大学的。为了给他筹集学费，他的父亲甚至借遍了村里的每一户人家。可以说，他是举全村之力才读上大学的。因此，当看到诸如小马这样的同学们都在尽情狂欢时，小郑丝毫没有心动。相反，他在熟悉大学校园和大城市之后，马上开始为自己制订详细的学习规划和人生规划。小郑知道，自己远在农村的父母无法为他提供任何支持，因此，要想留在大城市生活和工作，他必须抓住大学四年这宝贵的机会，才能最终改变命运。为此，当其他同学过着悠闲安适的大学生活时，他却争分夺秒，如同正在战场上奋战的士兵一样，绝不敢松懈片刻。每年，甚至每个学期，他都有非常明确的计划，也知道自己必须怎么做才能实现计划、接近人生的梦想。看到这样的学生，小马很瞧不上，他不明白，既然已经进入大学了，为何过得比高中时期更加辛苦和劳累呢！为此，在班级里，小马和小郑向来不是一种人，也没有任何交集。

转眼之间，四年的大学生涯即将结束，小马这才开始慌忙起来，与其他同学一起四处奔波找工作。此时，他们突然得到了一个如同晴天霹雳的消息：小郑得以留校担任辅导员，而且被保送就读本校的研究生。这样一个人人都渴望得到的好机会，居然被小郑得到了，同学们纷纷开始议论，他们都以为小郑家里一定有些关系。最终的结果却使他们失望，原来小郑完全是凭着自己这几年刻苦攻读、积极参加学校活动的优异表现，才得到这样千载难逢的好机会的。至此，每个人都相信勤奋可以改变命运，但是大学生涯即将结束了。

小郑正因为没有任何指望和依靠，所以才规划好自己的每一步人生之路。因为他很清楚，他除了依靠自己之外，没有任何依靠。靠自己，靠的也并不是聪明，而是勤奋。在一千多个日日夜夜中，当其他同学都在尽情狂欢时，唯有小郑以坚强的毅力督促自己不断努力奋进。现代社会，虽然很多人都觉得付出了也未必有回报，但是现实情况是，虽然付出与回报之间未必成正比的关系，但是，如果不付出，绝对是没有回报的，因为这个世界上根本没有天上掉馅饼的好事，也不会有任何人获得一蹴而就的成功。

我们如果不想继续平庸下去，如果想让自己的人生摆脱平凡，我们就要坚定人生的梦想和理想。当然，不积跬步，无以至千里，我们与梦想之间就算再遥远，我们也可以通过非常努力地提升和完善自己，从而距离梦想越来越近。要知道，一切的理想和梦想，如果离开了实际的行动，最终就会变成空想，致使我们的人生彻底落空。所以，朋友们，从现在开始就行动起来，让自己远离平庸吧，要相信我们一定是卓尔不凡的。

你可以平凡，但不能平庸

在这个熙熙攘攘的世界上，大多数人都是平凡的人，他们有着自己的喜怒哀乐，不管什么时候都安然自得。的确，这就是普通人生活的常态，平凡的人生，普通的日子，平淡如水的人生节奏。但是，需要注意的是，我们可以平凡，却决不能平庸，更不能陷入流俗之中无法自拔。

人活于世，常常有人感到困惑，不知道人生的真谛和意义到底何在，也不知道经历这漫长的一生归根结底是为了什么。尤其是面对人生的抉择的时候，我们不得不忍痛作出取舍，既要成全自己，也要肩负起自己的责任和义务，以期让自己的人生更加圆满。从这个角度而言，我们难免扪心自问，难道我们活着，就是为了成就人生的圆满吗？

记得曾经有个故事说，一个圆少了四分之一，为了让自己圆满，它不停地四处滚动，想要补足自己的缺憾。等到它终于找到了缺少的四分之一，它补足了自己，却发现再次行走时变得咕噜噜直转圈，再也无法停下来欣赏沿途的风景。这个故事告诉我们，为了人生让更加精彩，我们无须过于关注自己是否圆满。在人生路上，最重要的不是目的地，而是过程和沿途的风景。所以，朋友们，让我们更多地关注人生的过程，而不要被平庸打败，变得碌碌无为。

现代社会，生活节奏越来越快，工作压力越来越大。很多人整日奔忙，却不知道自己归根结底为了什么，也不知道如何才能提高自己的效率，更好地面对和享受生活。实际上，我们的一切努力，并非为了完成父母的期望，也不是为了得到他人的艳羡，我们唯一的目的应该是成就自己。人生是一场遇见，不管遇见多少个完美的他人，我们最想遇见的实际上还是最真实而又与众不同的自己。朋友们，让自己变得美好起来吧，尽管我们渴望成功，渴望拥有财富，但是我们最渴望的是直面自己。

娜娜是父母的掌上明珠，所以父母总是想让她大学毕业后回到家乡，从事安稳的工作。但是，娜娜坚定不移地坚持自己的人生计划，她的梦想就是去国外，走遍世界各地。为此，她毅然决然地报名参军，成为了一名战地记者。对于宝贝女儿的梦想，父母当然难以答应。他们无法想象女儿有任何闪失，这是比让他们失去生命更加可怕的事情。

但是，娜娜想尽办法劝说父母，让父母支持她的决定。看着娜娜渴望的眼神，父母最终屈服了。他们很清楚，对于这个娇生惯养的女儿，实际上他们根本无力抵抗。他们宁愿承受可能出现的痛苦，也要让女儿实现自己的梦想。就这样，娜娜成了一名战地记者，跟随部队深入战场，进行翔实的报告。在工作的过程中，她感受到生命的悸动，也意识到现实的残酷。在硝烟和战火中，她得以历练，心灵越来越敦厚沉静。她终于可以无愧地对自己说："我尽管很平凡，但是绝不平庸。"

朋友们，我们之所以努力，是为了成就自己，为了奔向自己心底里那遥远的目标。任何时候，都不要抱怨人生，更不要苛责命运。要知道，造物主总是公平的，它能够帮助我们找回生命的平衡，也会给予我们独特的、与众不同的闪光点。

朋友们，让我们继续平凡下去吧。即便是一个平凡的生命，也可以竭尽所能绽放生命的异彩，让自己的人生丰实厚重，变得更加充盈。任何时候，都不要任由命运摆布。我们必须记住，每个生命都是这个世界上独一无二的个体，每种人生都既有束缚，也有自由天地。我们要想拥有精彩的人生，就必须且只能成为最好的自己。

坚持下去，每一天都应该勤奋工作

我们任何人都知道，人生旅途上沼泽遍布，荆棘丛生。也许会山重水复，也许会步履蹒跚，也许我们需要在黑暗中摸索很长时间，才能找寻到光明……但这些都算不了什么，一个心中有梦想的人，会坚信一点——总有一天，他会变得很棒。所以，你也要做到不放弃，知道自己要什么、该干什么，然后勇敢地去敲那一扇扇机会之门。

事实证明，任何一个目标坚定的人，都不会迷茫，更不会中途放弃。一个人要想获得人生的幸福，那么每一天都应该勤奋工作。付出比任何人更多的努力是一个艰苦的过程，但只要坚持就一定能够获得不可思议的成就。

下面这个简单的故事，蕴含了一个深刻的道理，它告诉我们坚持在追求梦想的过程中是多么重要。

1891年，他还是个13岁的瘦弱男孩，在火车上卖报纸和雪茄烟，而此时他已经有了自己的志向，他希望在未来能成为一名交易商，所以，每每听到乘客谈论投资方面的事时，他总是听得特别入神。

对于一个卖报的男孩来说，这样的志向简直是天方夜谭，为此，他常常被嘲笑。

梦想实现的过程并不是那么容易，为了追梦，长大后的他整天躲在狭小的地下室里，将数百万根的K线一根根地画到纸上，贴到墙上，接下来便对着这些K线静静地思索，有时他甚至能面对着一张K线图发几个小时的呆。

后来他干脆把美国证券市场有史以来的纪录搜集到一起，在那些杂乱无章的数据中寻找着规律性的东西。由于没有客户，挣不到薪金，这个美国人许多时候不得不靠朋友的接济勉强度日。

这样的情况在他的世界延续了6年。这6年，他集中研究了美国证券市场的走势与古老数学、几何学和星象学的关系。

6年后，他发现了有关证券市场发展趋势的最重要的预测方法，他把这一方法命名为“控制时间因素”。他在金融投资生涯中赚取了5亿美元，成为华尔街上靠研究理论而白手起家的神话人物。

他叫威廉·江恩，世界证券行业尽人皆知的“波动法则”的创始人。

成功需要梦想，梦想需要坚持，这是一条最原始也是最简单的真理。诺贝尔奖获得者巴斯德曾豪迈地宣称：“告诉你达到目的的奥秘吧，我唯一的力量就是我的坚持精神。”需要持之以恒的原因就在于，世上凡是有价值的事情通常都是有一定难度的，不可能一蹴而就，因此只有持之以恒才能完成。

在我们的生活中，也有不少人，在他们的内心，有着自己的梦想。然而，紧张的工作，可能会让许多人搁浅心中的梦想。而他们也会发现，正是因为失去了梦想，自己才会显得无力，没有热情。只有具有一个伟大的动力，人的潜能才会被最大限度地激发出来。而在这个过程中，最为重要的就是在面对压力、挫折、困难时是否有继续向前的愿望和动力。想要成功，我们首先要学会的就是坚韧不拔，要能够超越失败，这样，成功才会离我们越来越近。

几十年前，在加拿大，有一位叫让·克雷蒂安的少年，他因疾病而落下口吃的毛病，嘴角畸形，更严重的是，他还有一只耳朵失聪。后来，有一位医生告诉他，在嘴里含着石子说话能矫正口吃，于是，他就每天在嘴里含着一颗石子练习讲话，一段时间以后，嘴巴和舌头都流血了，疼痛难忍。

母亲看到后，十分心疼，她对儿子说 ："孩子，不要练了，妈妈会一辈子陪着你。"但克雷蒂安摇了摇头，然后替母亲擦干眼泪，十分坚定地说："妈妈，听说每一只漂亮的蝴蝶都是自己冲破束缚它的茧之后才变成的。我一定要讲好话，做一只漂亮的蝴蝶。"

克雷蒂安的努力终于有了成效，最终他能够流利地讲话了。他勤奋学习，学习成绩优异，并获得了周围人的赞赏。

1993年10月，克雷蒂安参加加拿大总理大选时，他的面部缺陷被对手大力攻击、嘲笑。对手曾极不道德地说："你们要这样的人来当你的总理吗？”对手的这种恶意攻击反而招致大部分选民的愤怒和谴责。当人们知道克雷蒂安的成长经历后，都给予他极大的同情和尊敬。在竞选演说中，克雷蒂安诚恳地对选民说：“我要带领国家和人民成为一只美丽的蝴蝶。”结果，他以极大的优势当选为加拿大总理，并在1997年成功地获得连任，被国人亲切地称为“蝴蝶总理”。

从口吃少年到变成人人敬仰的“蝴蝶总理”，克雷蒂安真的如蝴蝶一样，实现了自己人生的蜕变。这也验证了那样一句话：“总有一天，你会变得很棒的！”就如阳光总在风雨后一样，那些看清方向并一如既往坚持的人，他们总能看到困难中的机遇，同时克服机遇中的困难，他们总是在坚持理想，脚踏实地，持之以恒。最终获得更高更好地垫高自己的契机。

第04章

相信自己，世界不会辜负努力的你

我们都知道，成功是属于强者的，任何一个人，只有相信自己，内心坚韧强大，才能打败困难和逆境。如果不相信自己的能力，缺乏意志力，那他就永远不会是事业上的成功者。然而，我们更需要明白的是，真正的坚强源自于内心的自我认定，源自于我们对生活、对未来、对目标的信念，这是奠定我们成功的基础，要知道，只有内心强大的人才能打败艰难困苦，才能步履轻盈、从容前行，从而活出不一样的人生。

一个微笑就足以让内心的自卑无处遁形

对成功者，有人这样提问："你保持自信的秘诀是什么？"成功者笑着说："因为我有一个很好的习惯——刮完了胡子，洗完了脸，我会给镜子里的自己一个微笑，每天坚持这个习惯，令我一直都信心十足，每次遇到了问题，我总是安慰自己，我是最棒的。"原来，对自己微笑是增强自信心最有效的方法之一，当我们内心感到自卑的时候，不妨送给自己一个微笑，你会发现，你所遇到的困难远没有你想象中的那么糟糕，而你很有信心去应付这一切。要知道，一个微笑足以让内心的自卑无处遁形。

林肯曾说："多数的人快乐的情形，跟他们所决心要快乐的差不多，一些打工者，他们的生活是艰苦的，但我们还是看到许多快乐的脸孔，这脸孔无异于那些在大城市的冷气办公室所看到的。"林肯自信的方法就是对自己微笑，于是，在多次竞选失败之后，他最终成为了美国历史上伟大的总统之一。

菲尔普斯从小就开始练习游泳，他一直告诉自己："我要做专业运动员，我要拿奥运金牌，我要打破记录。"在北京奥运会之前，菲尔普斯曾微笑着说：“我要拿八枚金牌。”当时，有许多人都嘲笑他，但是，他最终凭着自信的微笑打破了世界记录，个人荣获了八枚金牌，他的自信造就了他的成功。

小王大学毕业后，进入了一家大公司，不过，虽然拿着名牌大学的毕业证，他却只得到了一个办公室文员的职位，这令小王十分苦恼。另外，由于小王不太善于表现自己，内心有着强烈的自卑感，使得他的才能无法施展开来。过了一段时间后，小王觉得生活压力越来越大，浑身都没有精神，莫名其妙地失眠。他觉得自己心理有了问题，在一个星期天，他走进了一家心理咨询中心。面对医生，小王倾诉了心中的苦闷，不过，医生并没有给他任何的劝导，而是提出一个小小的要求：“每天早晨起床后，什么不要干，先对着镜子里的自己微笑一下，在一天的工作中，如果感到苦闷了，就找到有镜子的地方，送给自己一个微笑。”小王半信半疑，但是，他还是照心理医生的话去做了。

一个星期过去了，小王又去了医院，医生问他：“感觉怎么样？情况是否有所改观？”他感慨地说：“真没想到，这个办法真的很灵验。”原来，刚开始照镜子的时候，小王被自己的样子吓了一跳：眉头紧皱，满脸沮丧，活脱脱一张苦瓜脸。虽然，以前他也会对着镜子剃须、洗脸之类的，但那时都是满脑子想着其他事情，小王意识到自己好久没有认真地审视过自己了。他想着以前自己是一个快乐的小男孩，记得自己以前也是喜欢笑的，可是，当他第一次对自己微笑的时候，竟发现笑容变得十分僵硬。

后来，小王开始每天对镜子里的自己微笑，他在镜子里看到了一个快乐的自己，他感到浑身的力量回来了。他开始有意或无意地展露自己的才华，不久之后，他就被提升为部门助理。

讲述完自己的改变之后，小王有些疑惑地问医生：“请问这是什么道理呢？”医生笑着说：“当你对自己微笑时，其实就是不断地给自己加油打气，微笑赶走了你内心的自卑感，你变得信心十足，因此，你的生活和工作都有了较大的进步。”听了医生的话，小王恍然大悟，同时，将“对自己微笑”作为自己的座右铭。

一个成功的推销员曾说：“一个面带微笑的人永远受欢迎，因为这不仅是友好的表现，更是自信的表现。”因此，当他在进入别人的办公室之前，他总是停下来训练，想一些他必须感激的事情，露出一个真诚的微笑，然后，在微笑从脸上消失的那一瞬间走进去。这一点，正是他推销保险成功的最主要的因素之一。如果你还处于自卑之中，那么，请给自己一个微笑，让内心的自卑无处遁形，从而有效地提升自信心。

李嘉诚在谈到自己成功秘诀时说：“其实并没有什么特

别，不过是光景好时决不过分乐观，光景不好时决不过度悲观。”事实上，保持最乐观的心态，就是一种自信，而自信的直接表现方式就是微笑，拥有自信微笑的人，他们在任何时候运气都不会太差，因为上帝眷顾那些有着生命信念的人。

有人说：“一个人的才能固然重要，但相信自己一定能成功的想法才是决定成败的一个关键因素，因为，在遇到同样的挑战和失意时，自信的人和自卑的人各自采取的处理方式会截然不同。”

提升自信心最有效的途径就是：每天出门之前，站在镜子前挺直腰板，然后，嘴角上扬，记住，一定要将最灿烂的笑容挂在脸上。从内心真正流露出来的微笑，将给予自己最强大的力量。抛弃内心的自卑，会让你重新焕发出耀眼的风采，而这恰恰是自信的魅力。

勇敢地面对，让恐惧无处遁形

每个人的内心深处，都有恐惧的影子。恐惧总是蜷缩在我们心灵的角落里蠢蠢欲动，而我们根本无法摆脱恐惧，因为恐惧是人的本能，也是人性的弱点。既然恐惧是理所当然地存在，我们为何还要与心中的恐惧对抗？实际上，正确对待恐惧的方式是接纳恐惧，承认恐惧的存在，而不要试图抗拒和消除恐惧。正视恐惧，勇敢地面对恐惧，我们就能成功地说服自己不再害怕恐惧。就像很多癌症病人神奇地痊愈一样，其实并非癌细胞消失不见了，而是癌细胞和人体内的好细胞和谐共处，因而让身体实现了新的平衡。同样的道理，如果我们的恐惧与我们内心积极向上的感情和谐共存，那么我们就能获得心理上的平衡，从而与不再因为恐惧而受到影响，也不再因为恐惧而使自己的生活紧张不安。

人生之中，恐惧几乎无处不在。要想勇敢面对恐惧，我们就要知道自己害怕的到底是什么。诸如很多孩子害怕黑暗，因为他们不知道黑暗中是否有怪物。有的成人害怕社会暴乱，因而他们把自己变成套中人，甚至不敢出门。还有的人会害怕很多根本不存在或者尚且没有发生的事情，因而他们变得胆小怯懦，忧心忡忡，导致自己心神不安。在了解恐惧的原因之后，我们就要正面恐惧，如果我们一味地逃避和屈服于恐惧，我们就会被恐惧控制，导致做事束手束脚。

一天下午，艾森豪威尔放学回家的时候，被一个年纪和他相仿的男孩追赶得不停地跑。那个男孩很强壮，因此有些瘦弱的艾森豪威尔不敢直接和对方打斗，只想赶紧逃开，离开那个男孩远远的。

父亲看见艾森豪威尔跑得和兔子一样快，因而大喊道：

“嘿，你怎么了，被那个坏小子追得屁滚尿流的？”艾森豪威尔委屈地说：“他很强壮，我根本打不过他。而且，就算我打得过他，你也会狠狠揍我的！”父亲怒气冲冲地喊道：“你这都是什么理论，根本原因就是你很胆怯。现在，回过头去，对着那个小子冲过去！”在父亲的鼓励下，艾森豪威尔变得勇敢起来，他不顾一切地掉头跑向那个男孩，看起来就像是要和那个男孩决一死战一样。那个男孩显然没有想到被自己追得四处乱窜的胆小鬼会突然反击，因而有些猝不及防，赶紧调转头逃跑。艾森豪威尔穷追不舍，直到把那个男孩推翻在地，恶狠狠地说：“假如你再挑衅我，我一定会让你尝尝我拳头的味道！”果然，等到艾森豪威尔松开手，那个男孩爬起来就跑，连头都不敢回了。从此之后，艾森豪威尔就知道了一个道理，即不管对手多么强大，只要我们战胜内心的恐惧，就一定能够战胜对手。

很多时候，困难和挑战其实并没有我们想象中那么可怕，它们只是被我们的胆怯放大了，而被放大的困难和挑战又激起了我们心中更深的恐惧，导致我们更加不敢面对一切。所以我们要想战胜心中的恐惧，首先要让自己的心变得勇敢。对于一颗勇敢的心而言，一切都是可以战胜，也是能够超越的。

美国前总统罗斯福曾经说，任何事情都不值得我们恐惧，而唯一值得我们恐惧的只有恐惧本身而已。因为恐惧会占据我们的心灵，让我们所付出的一切努力白费。罗斯福的这句名言迄今为止依然铭刻在哈佛学子的心中，激励着他们不停地迎接人生的挑战和压力。作为美国历史上唯一一位连任四届的美国总统，也是美国历史上最伟大的总统之一，罗斯福的一生充满传奇色彩，激励人心。

朋友们，我们必须意识到，在我们追求成功的道路上，恐惧是我们唯一的阻碍。我们唯有战胜内心的恐惧，才能最大限度发挥自身的能力和实力，才能成就最杰出的自己。记住，当我们不顾一切勇敢地迈出通往成功的第一步时，恐惧就已经开始远离我们了。

有胆有识，方能开启智慧人生

人生是一场没有硝烟的战争，优秀的人要想出人头地，除了需要气魄与胆识之外，还需要不断地开拓进取，敢为人先，敢于做他人不敢做的事情。不得不说，和勇气相比，所谓有胆有识，除了要勇敢之外，还要有犀利的认识，有大智大勇的智慧，才能帮助我们挽回人生的困顿局面，从容展开人生的画卷。

无疑，每个人都想在人生的战场上成为赢家。尤其是现代社会，人们的欲望越来越强，理想越来越高远，更多的人想要决战人生。遗憾的是，大多数人在与人生过招的时候，都被人生兵不血刃地消灭了。所以，我们要想赢得人生的好结果，就必须对于人生有更加深刻的认识，而且要对人生作出与众不同的决断。

王永庆最初只是一个开米店的，而且，在这个小小的米店开业之初，遭遇到难以想象的困难。所谓酒香也怕巷子深，王永庆的米店就曾经遭遇过这样的尴尬。但是，后来王永庆不但把米店开得很成功，而且建立了台塑集团。由此一来，更大的困难和挑战也迎面而来。台塑生产的塑胶粉，全部积压成为库存，一斤也没有成功销售出去。面对这样的窘境，王永庆展开了认真详尽的调查，最终验证塑胶粉之所以滞销是因为价格过高。

思来想去，王永庆决定扩大生产，降低成本。对于他的这个举动，他身边几乎每个人都持反对意见。他们反对的理由显而易见，即原本的月产量一百吨都已经滞销了，如果把月产量扩大，岂不是更加没有销路了吗？在第一次扩大生产、把月销量提高到两百吨依然滞销之后，王永庆在参考工人和外国顾问的建议之后，最终决定把月产量扩大到一千二百吨。这可不是一个小数目，而且很有可能产能过剩。但是，为了降低成本，王永庆只能走这步险棋。他最终说服了外国顾问，而且认为自己只能往前、不能退后。就这样，在王永庆的坚持下，台塑进行了第二次扩建工程，最终使得月产量提高到一千二百吨。果不其然，台塑的生产成本大大降低，成功垄断了台湾市场，而且在世界市场上占据了一席之地，成为举世闻名的塑胶业“霸主”。

王永庆自幼家贫，以卖米为生，最终地却发家致富，步入塑胶产业。面对他人的劝阻，王永庆自知骑虎难下，因而决定抓住机遇，反其道而行之，在产品滞销的情况下扩大产量，最终以过人的胆识成功进行扩建，降低产品成本，从而成功垄断台湾塑胶市场，而且在世界塑胶产业上占据了一席之地。不得不说，在所有人都为王永庆捏着一把汗的时候，王永庆很清楚自己不是背水一战，而是在经过详细周密的市场调查之后作出的理智决定。

在需要作出选择的紧要关头，胆识是非常重要的。一个人只有胆识过人，才能当机立断，作出让他人信服的决定。这种果决，与鲁莽和自负截然不同，而是一种胸有成竹的自信和果敢。法国有位大名鼎鼎的哲学家，曾经举例说明胆识的重要性。他说，假如有一头驴子同时面对两堆一样多的干草却犹豫不决，不知道应该先吃哪堆干草，那么它最终会守着两堆干草却被活活饿死。虽然这种现象在现实生活中不会发生，但是从缺乏胆识和决断性的角度而言，与此类似的情况在生活中并不罕见。人生是由无数次选择决定的，人活一世，总是要面临各种各样的选择，我们必须当机立断，才能及时应对，作出决策。一个人要想成为命运的弄潮儿，就必须拥有这种坚决果断的精神，并能够充满理性地面对人生的一切抉择。

朋友们，也许你们天生果敢，也或者你们总是拖泥带水，这都没关系。从现在开始，让我们接受人生的历练，成为有胆识的人吧！

敢于破釜沉舟的人，才能实现新的突破

我们可以说，在每一个人的心中，都心存梦想，都有自己向往的生活，但如果你畏首畏尾、只是幻想而不付诸实践的话，那么，你只能在一片幻想的迷途中越陷越深。因为成功与胆量有着莫大的关系，有胆量的人才有资格拥有成功。那些在取得了一点成就后就安于现状、求稳的人，只能陷于平庸。有胆量、敢于破釜沉舟的人，才会置之死地而后生，实现新的突破，才能奋战到底，绝不认输。

事实上，"勇敢"是任何一个成功者必不可少的品质。要取得成就，有很多必要条件，其中非常重要的一条，就是勇气。然而，我们发现，现实生活中有这样一些人，他们刚开始时都满怀理想，但在社会上打拼几年后，越发感到衣食住行等

实际需要的重要性，于是，在获得了一份稳定的饭碗之后，往往会在时间的消耗中失去进取的锐气，无奈地满足于眼前的一切。

看那些成功者的历史，我们不难发现，他们即使到了山穷水尽的地步也没有失去勇气，他们会选择背水一战，尽管他们知道前面的路也十分艰险，但他们更知道，不冒险就做不到破釜沉舟，没有这一步，人生就是一潭死水，淹没的是自己的挑战性和创造性。

哲人说，每个人最大的敌人是自己，人有时最难突破的，就是自身的局限性。这就是为什么我们会发现那些处于困境中的人，最终会比那些已经实现温饱的人更有作为。一个人想迈开脚步大干一场，又不舍得抛开自己现有的温饱的保障，如此瞻前顾后，必定无所作为。

日本著名的早川电机公司因为生产著名的夏普电视机而闻名于世，而其创始人早川德次则是一个命运坎坷的人。就在他还在小学二年级时，他的父亲就去世了，他不得不去一家首饰加工店去当童工。

早川是个坚强的人，在他很小的时候，他就告诉自己："即使我没有疼爱我的长辈，我也一定要努力生活，做出一番成绩来。"

童工生活是辛苦的，他在首饰店每天的工作除了烧饭带孩子就是干一些体力活。时间过得很快，一晃四年过去了，有一次，小早川终于鼓起勇气对老板说，“老板，请您教我一些做首饰的手工好吗？”

老板一听，生气地对他说：“小孩子，你能干什么呢？你喜欢学的话，自己去学好了！”

早川一想，是啊，为什么要靠别人，自己去学吧！于是，从那以后，他开始留心店里的技术活，尤其是当老板找他帮忙时，他就尽量多看、多想，这样，他终于靠自己的努力学到了一些关于工作上的知识和技能。

功夫不负有心人，他成为了一个心灵手巧的人，他18岁就发明了裤带用的金属夹子，22岁时发明了自动笔。他有了发明，老板便资助他开了一家小工厂。

这种自动笔很受大众喜爱，风行一时。世界没有给他任何东西，他却给世界很多。30岁时，他在赚到1000万日元以后，就把目标转向收音机界，设立早川电机公司。

早川德次为什么能够成功？因为他能够把梦想归于实践。也许现在的你也有很多梦想，你可能希望自己能成为著名企业家、人民教师或歌唱家等，但无论如何，你要知道，理想不同于妄想和幻想，一定要有勇气，敢于追逐自己的梦想，要立即去做，这样，你才能离你的梦想越来越近。

生活中，不少人渴望得到成功，渴望开创自己的事业，但每每考虑到失败的可能，他们就退缩了。因为他们怕被扣上愚昧的帽子，遭到别人嘲笑；他们不敢否认，因为害怕自己的判断失误；他们不敢向别人伸出援手，因为害怕一旦出了事情就会被牵连；他们不敢暴露自己的感情，因为害怕自己被别人看穿；他们不敢爱，因为害怕要冒不被爱的风险；他们不敢尝试，因为要冒着失败的风险；他们不敢希望什么，因为他们怕失望……这种可能会遇到的风险，让那些不自信的年轻人畏首畏尾，举步维艰，他们茫然四顾，不知道自己的出路在何方，殊不知，人生中最大的冒险就是不冒险，畏首畏尾只会让自己的人生不断倒退。

我们每个人都要记住，在现代社会，没有超人的胆识，就没有超凡的成就。在这个时代，墨守成规、缺乏勇气的人，迟早会被时代所抛弃。处处求稳，时时都给自己留有退路，这是一种看似稳妥却充满潜在危机的生存方式。作为年轻人，要想拥有自己想要的生活，我们就要勇敢地走心中向往的那条路，并且一直走下去。

直面困难，并以顽强的毅力战胜它

我们都知道，在人生道路上，困难和挫折是难免的，人生起起落落也无法预料，但是有一点我们一定要牢牢记住：将困难置于渺小的境地，你在心态上就战胜了困难。因此，当我们遇到逆境时，千万不要忧郁沮丧，无论发生什么事情，无论你有多么痛苦，都不要整天沉溺于其中无法自拔，不要让痛苦占据你的心灵。困难来临时，我们要有勇气直面困难、打倒困难，以顽强的意志战胜困难。

人们驾驭生活的能力，是从困境中磨砺出来的。和世间任何事物一样，苦难也具有两重性：一方面它是障碍，要排除它必须花费更多的力量和时间；另一方面它又是一种肥料，在解决它的过程中能够使人更好地锻炼提高。

为此，当我们遇到难题时，绝不能像只鸵鸟那样把头埋在沙堆里面，将各种问题推开，否则问题便始终无法得以解决。如果你能选择不把挫折拿来当成放弃努力的借口，那么，或许你可以用一个新的角度，来看待一些一直让你裹足不前的经历。你可以退一步，想开一点，然后你就有机会说：“或许那也没什么大不了的！”

人生之路，就如细流入海，不会一帆风顺、一路坦荡，总是要经历风风雨雨、坎坎坷坷。那些成功的人在面对人生低谷的时候，总是能够心底坦然，不会屈服于挫折，而是勇于做一个承受痛苦、奋斗不息的人，以百折不挠的精神，继续奋力前行。

很久很久以前，有一个养蚌人，他想培育一颗世界上最大最美的珍珠。

他去大海的沙滩上挑选沙粒，并且一颗一颗地问它们，愿不愿意变成珍珠。那些被问的沙粒，一颗一颗都摇头说不愿意。养蚌人从清晨问到黄昏，得到的都是同样的结果，他快要绝望了。

就在这时，有一粒沙子答应了。因为，它一直想成为一颗珍珠。

旁边的沙粒都嘲笑它，说它太傻，去蚌壳里住，远离亲人朋友，见不到阳光、雨露、明月、清风，而且缺少空气，只能与黑暗、潮湿、寒冷、孤寂为伍，多么不值得！

那颗沙子还是无怨无悔地随养蚌人去了。

斗转星移，几年过去了，那粒沙子已经长成了一颗晶莹剔透、价值连城的珍珠，而曾经嘲笑它的那些伙伴，有的依然是海滩上平凡的沙粒，有的已化为尘埃。

如果说这世上有“点石成金术”的话，那就是“艰辛”。你忍耐着，坚持着，当走完黑暗与苦难的隧道之后，就会惊讶地发现，平凡如沙子的你，不知不觉中已长成了一颗珍珠。

因此，我们每一个人都应该记住：逆境总是吞噬意志薄弱的失败者，而常常造就毅力超群的事业成功者。磨难是魔鬼，它夺走了你的光明；磨难也是天使，它是一座深不可测的宝藏。要在逆境中赶走魔鬼、拥抱天使，最重要的美德就是坚韧。

那么，面对困难和逆境，我们该怎样做呢？

1.作好最坏的打算

谚语常说："能解决的事不必去担心，不能解决的事担心也没用。"这样一想，你会发现，在最坏的情况面前，也没什么可忧虑的，那么，你也就能变得积极了。

的确，人生拥有的是不断的抉择，就看你用什么态度去看待这些有赖你决定的无数机会。若能够综观每件事情、每个问题的正反两面或许有更多面，你会发现，内心最深沉的恐惧在所有状况明朗了解之后将会自行化为乌有。

2.学会转换思维

比如，面对着半杯水，对于乐观旷达、心态积极的人而言，是："哈，真高兴我还有半杯水！"对那些悲观沮丧、患得患失的人而言，则是："唉，只有半杯水了，这该如何是好呀？"

因此，对那些乐观旷达、心态积极的人而言，两个都是好机会。对那些悲观沮丧、心态消极的人而言，两个都是坏境遇。

3.不要强迫自己去忘记某件事情，把一切交给时间

忘记任何一件痛苦的事，都需要一个过程。因此，有时偶尔想起它，其实也无妨。当你想起它时，你可以对自己说：那

都是过去，看我现在多快乐啊！相比过去而言，现在的我是多么地幸福啊……人要往前看、往好处想，这样，随着时间的流逝，那些过去也就真的成为“往事”了。

总之，人生路上，当我们遇到某些困难、遇到某些不顺心的事时，我们可能会因此变得沮丧。此时，你应告诉自己，困境是另一种希望的开始，它往往预示着明天的好运气。因此，你只要放松自己，告诉自己希望是无所不在的，那么，再大的困难也能坦然面对。

内心屹立不倒，就不会被打败

在海明威笔下，《老人与海》中的圣地亚哥老人，无疑是举世闻名的硬汉形象。虽然他没有做什么惊天动地的大事情，但是他在与鲨鱼搏斗的过程中真正超越了自己、成就了自己。他的那句话更是人尽皆知，即“一个人尽可以被打倒，但就是不能被打败”。的确，鲨鱼抢走了老人捕捉到的那头硕大的鱼，但是并没有真正征服和降服老人。为此，就算老人已经年老力衰，我们也可以想象，他在未来的人生中，依然会勇敢地驾驶小船去到海洋深处，这样他就能够创造属于自己的人生奇迹。

现实生活中，我们最缺少的就是这样的精神。这种精神就像是一面旗帜，让我们可能被打倒，但就是不会被打败。其实，这也间接说明了一个道理，即人生是没有绝境的。很多时候，我们误以为人生一旦走入死胡同就再也难以摆脱命运的桎梏，但是，有史以来的无数事实告诉我们，只要我们的内心屹立不倒，哪怕我们的肉体倒下了，我们也是永不屈服的。由此可见，一个人的态度最终决定了他是否被打败。同样的道理，假如我们还想把握人生的主动权，也愿意拼搏出属于自己的精彩人生，那么我们必须保持屹立的姿态，不管遇到任何困难都始终奋勇向前、绝不畏缩。

面对人生，很多时候我们都觉得迷惘不安。究其原因，是因为我们缺乏信心，也没有必胜的信念。殊不知，这样一来，在我们的犹豫不决和摇摆不定中，我们就真的失败了。其实，未必是因为我们的选择不够明智，而是因为我们对自己的选择没有充分的信心。生活中，我们虽然要参考他人的建议，但是也要相信自己的选择，尤其是对于我们深思熟虑后作出的选择，我们更要坚定不移地拥护，这样才能毫不迟疑地付诸行动。

生活中有一种奇怪的现象，即生活本身并无定论。大多数情况下，生活会朝着我们希望的方向发展。诸如我们相信什么是对的，我们希望生活一定会变成什么样子，我们的生活就会如同受到暗示一般，朝着我们期望的方向发展。其实，从本质上也可以说是我们自身受到了暗示。这样强烈的带有暗示作用的自信，能够帮助我们最大限度发挥自身的潜力，并且不断鞭策和激励我们朝着自己所期待的样子发展。因而，我们要想改变自己，就必须树立正确的人生观、世界观、价值观。虽然从实际的生活来看，这三观都比较虚无，对于我们的人生很难起到立竿见影的效果，但是实际上，这三观对于人生具有很强的指导意义，也会最大限度影响我们人生的诸多决策。因此，我们必须树立那些正确的观念，然后再以此为指导，帮助我们赢得人生的美好未来。

大多数情况下，人们之所以人云亦云，除了耳朵根子软的原因之外，与缺乏自信也有着非常密切的联系。很多时候，我们越是面临着重要的选择，我们就越是拿不定主意，甚至会因为担心承受责任而选择逃避。要知道，伟大的人生从来不是逃避出来的，真的勇士和强者，会坚定信念，从不畏缩迟疑。当然，毋庸置疑的是，任何选择都有可能成功，也有可能失败。成功了当然皆大欢喜，而一旦失败，我们的人生也许就会进入转折点，甚至会因此蒙受惨重的损失。因此，有很多朋友为了逃避失败，选择不去面对。而现实却是，当我们故意逃避的时候，我们虽然不再会失败，但是我们也与成功彻底绝缘。那么，朋友们，你们是愿意承受一定的风险争取成功呢，还是要继续坚持无为而治的原则，让自己的人生变得苍白、乏味呢！

我们必须相信自己，哪怕失败了，我们也能够从失败中汲取经验和教训，也能够最大限度发挥我们自身的能力，把结果变得更好一些。很多朋友都喜欢看童话故事，就是因为他们始终没有放弃对童话的憧憬。就像那句常被人引用的话，梦想还是要有的，万一实现了呢！所以，朋友们，从现在开始，就让我们勇敢地畅想未来、坚强地面对失败吧！哪怕失败，也比毫无作为、虚度一生更有意义、更有价值。

第05章

每一段煎熬的路，都是上坡路

人生路上，我们每个人都会遇到各种各样的困难，对于这些困难，有的人选择绕道而行，有的人选择迎难而上，还有的人则选择了退缩。毫无疑问，选择退缩的人永远也无法到达人生的彼岸，更不可能获得自己梦寐以求的成功，选择绕道而行的人，经过迂回曲折后或许能够接近自己的人生目标，却会在无形中走很多弯路，也会导致人生变得被动。人生真正的强者，一定会迎难而上，想尽办法战胜困难，把困难踩在脚下。由此看来，每一段煎熬的路，都是上坡路，熬过去，人生就会得到更大的提升，也就能创造出成就。

坦然面对，才能心态平和地度过人生低谷期

人生山一程，水一程，总是有高潮，也有低谷。实际上，任何人的人生都不可能是一帆风顺的，更不可能永远处于山峰顶部。面对人生的低谷，我们必须摆正心态。既然低谷是理所当然存在的，我们也就无须因为人生陷入低谷而消极沮丧。归根结底，人生道路总是充满坎坷和崎岖，人生旅程也必然要遭受各种各样的困境。我们唯有理智面对，坚持努力，才能顺利度过这段艰难的时期，从而迎来人生的柳暗花明。也许，在人生遭遇困境时，我们还会受到严重的伤害，这也没关系，正如每个孩子在成长中总会因为调皮导致受伤一样，只要我们拥有坚强的心，我们在人生路上遭受的伤害也会很快复原的。

当然，对于不同的人而言，人生低谷出现的方式和表现形式，都是完全不同的。有些人因为身体太差，以致整日病恹恹的，这是人生低谷；有些人因为高考落榜经历黑色的六月，这也是人生的低谷；还有些人在工作中处处碰壁，总是难以如愿以偿地获得晋升，这当然也是低谷……总而言之，人生低谷的

表现形式多种多样，我们唯有坦然面对，才能心态平和地度过人生低谷期。

面对人生低谷，悲观的人不停地抱怨，甚至自暴自弃，导致事情变得更加糟糕；相反，乐观的人则能够坦然面对，坚强勇敢，不到最后一刻决不放弃希望，甚至用努力付出最终迎来好的结果。不得不说，低谷之所以对我们的人生产生影响，并非因为低谷本身影响了我们的生活，而是因为我们对待低谷的不同心态和状态。记得曾经有首歌里唱道，山不转那水在转，水不转那人在转。的确，面对人生低谷，我们唯有保持这种积极乐观的心态，才能顺利度过低谷期，迎来人生的柳暗花明。

林肯，作为美国历史上最伟大的总统之一，在走上总统岗位之前，他的人生充满了挫折和磨难，甚至是重重的打击。林肯出生于贫苦的家庭，他的父亲是个鞋匠，他的家境非常艰难。林肯之所以能够成才，主要是因为他从不屈服于命运，始终都在与命运进行抗争。很多人都无法承受他所遭遇的那些打击，但是他挺过来了，最终成为美国总统，举世闻名。

林肯九岁的时候就失去母亲，22岁时，他为了改变命运，开始经商，却惨遭失败。23岁，他参加州议员竞选，落选。同年，他想去法学院学习，却被拒绝。24岁，他再次借钱经商，却遭遇破产，这次他损失惨重，在此后的16年时间里，他一直在偿还这次破产欠下的债务。

25岁，不甘失败的林肯再次竞选州议员，也许是命运垂怜，他成功了。但是次年，26岁的他遭遇人生中最惨痛沉重的打击——他的未婚妻在他们结婚之前去世，导致他彻底崩溃，卧床半年。然而，生命的河流总是要不断向前，林肯最终从这沉痛的打击中振作起来，在29岁时再次竞选州议员的发言人，却又以失败告终。随后的几年时间里，他先后竞选，几次失败。直到37岁那年，他才成功当选华盛顿特区的国会议员，却没有得以连任。命运对于林肯真的太残酷了，此后，他接连竞选国会议员和副总统，都以失败告终。但是，我们不得不为林肯的勇气感动。51岁那年，林肯锲而不舍的精神终于感动命运，他成功当选美国总统，从此掀开了人生的新篇章。

从林肯简单的人生经历介绍中我们不难看出，林肯一生之中的大多数时间都在遭遇失败，但是他从未放弃过。实际上，每个人在生命历程中都会经历一段这样的沉寂期。在这段时间里，我们既无法得到他人的关注，也不能被人理解。然而，只要我们坚强地度过这段生命中的低潮期，我们就会发现，那段时间的生命感触是我们生命中最宝贵的经历和经验。我们终究会知道，我们之所以有今日的成就，与当时的沉淀和积累是密不可分的。

在阳光之下，灯光显得那么暗淡。在黑暗之中，灯光才会给我们带来光明。同样的道理，如果没有内心的沉寂，我们又如何努力为自己发声和代言呢！我们唯有进入寂寞的深海，才能与自己的心灵对话和交流。要知道，一切的华彩都需要朴素的背景作为衬托，我们的人生也正因有了寂寞的日子，才能更加绽放。

改变心态，把挫折当成人生中的好机会

面对充满挫折的人生，有人选择坚强以对，最终获得了成功；有人选择逃避，或者畏手畏脚，最终导致失败。实际上，对待挫折我们还有更好的态度，那就是把挫折当成人生中的好机会，抓住战胜挫折的机遇，努力迎接生命的挑战。

常言道，人生不如意十之八九。每个人在人生的道路上，都难免遭遇风雨泥泞。我们唯有积极面对人生中的诸多不如意，才能端正心态，最大限度发掘自身潜力，从而让我们的人生更加顺遂。反之，假如一个人的人生如同坐了火箭般顺利地从起点到终点，必然会因为过于神速导致人生没有过程，这样一来，人生还有何意义可言呢？归根结底，挫折是人生的常态，我们唯有认清楚这一点，才能更快地成长，让自己的人生与众不同。

26岁那年，菲利普·克罗松爬到屋顶维修电视天线，却在

移动电视天线时不幸接触到两万伏电流的高压线，转瞬之间，他的四肢被电流烧成焦炭。从此之后，他失去四肢，也失去了未来。作为正常人，我们根本无法想象失去四肢后如何生活。和我们一样，躺在医院的日子里，菲利普始终深受这个问题的困扰，也时常感到焦虑不安。直到有一天，他从电视上看到有个残疾女子只身横渡英吉利海峡，仿佛突然间找到了人生的方向，他当即暗暗下定决心："我也要横渡英吉利海峡。"一个没有四肢的人想要横渡英吉利海峡，就像一条鱼失去了所有的鳍却要游过大海一样。但是，菲利普决定成为这样的一条鱼，他很清楚自己的人生没有退路。

离开医院，菲利普开始跟随教练学习游泳。要知道，他在四肢健全的时候根本不会游泳，是真正的旱鸭子。第一次下水的时候，他的身体如同一块沉重的石头沉往水底，幸好教练及时把他救上来，他才没有被淹死。不久之后，菲利普让人在他残存的手臂和大腿根部安装假肢和脚蹼，他又戴上潜水镜和呼吸用的装备，然后进入水底。在教练的耐心教导下，他从只会原地打转，到能够游直线，再到体力不断增强，能够在游泳池连续游动两个来回，他最终要求教练对他进行魔鬼式训练。他利用假肢坚持跑步，还要进行举重，每天至少抽出五个小时的时间提升游泳技能，增强体能。就这样过了两年，他的游泳技术越来越娴熟，体重也大幅减轻，他可以连续游动三公里。每当进入水中，他就像是一条完全自由的鱼一样，尽情享受游泳给他带来的乐趣和成就感。

就这样坚持不放弃，到了2010年9月18日8时，准备充分的菲利普等待在英吉利海峡，准备从英国的福克斯通港出发，游到海岸对面法国的维桑港。在漫无边际的海洋中，他身姿矫健地不停往前游动，他始终保持着均匀的节奏，合理安排自己的体力。每当向前游动三公里，他就会稍事休息，然后再继续出发。然而，时间刚刚过去三小时，他就觉得浑身酸痛，但是他告诉自己，没有一条鱼在海里的游动会停下来。为了帮助自己缓解酸痛和疲劳，他一边欣赏着身边的海豚，一边继续奋力朝前游过去。就这样，他足足用了13.5个小时，才成功游过宽度为34公里的海峡。原本，他预计自己会花24小时，这比他预期的时间提前了10.5个小时，让每一个关注他的人都感到非常震惊。菲利普真的变成了一条鱼，他让得知他事迹的每个人都非常感动，也感到振奋不已。

虽然菲利普失去了四肢，但是他在挫折面前从未退缩过。早在还在医院接受治疗时，他就开始思考自己未来的人生之路。他决定要做一条完美的鱼，所以他甚至比自己四肢健全的时候更加努力，最终成为一条自由游动的鱼，也得到了人生中最美好的未来。和他相比，很多人之所以失败，并非因为没有“鳍”，而是因为他们自觉没有“鱼鳍”的梦想就放弃了成为一条“鱼”的梦想。

朋友们，人生路上，我们每个人都会遇到各种各样的困难和挫折。我们将要拥有怎样的人生，很大程度上取决于我们面对挫折的态度和勇气。任何时候，我们都不应该放弃，而是要努力尝试。唯有坚持到最后，我们才有可能获得成功，才会因为坚持不懈得到命运的眷顾。

更加勇敢地面对苦难，才能获得美好的人生

生活中，有很多人已经习惯了抱怨生活。他们总是说自己不知道如何面对生活，尤其是不知道如何处理好生活中的各种苦难，殊不知，他们只是不知道苦难是另一个机会。中国古代“塞翁失马”，尚且知道福祸相依，在西方国家，很多哲学家更是提出，可以从两个方面看待同一个问题。对待苦难亦是如此，我们唯有打开苦难的另一道门，才能更好地面对苦难，并解决人生中面对的诸多难题。

在德国，一位名叫班纳德的老人一生命运多舛。然而，如今他已经五六十岁了，依旧健康而又快乐地活着，看到他乐观开朗的样子，你们很难想象到，他在来到世界的几十年时间里，曾经二百多次被苦难折磨。为此，他成为世界上最倒霉的

人，也为此，他成为世界上最坚强的人。

14个月的时候，班纳德把后背摔伤了。后来，他不小心摔下楼梯，导致一只脚落下了终身残疾。后来，他爬树的时候不小心掉下来，四肢着地，导致四肢全部受伤。有一次他正在骑车，突然遭遇横风，被吹了个人仰马翻，膝盖也受到严重的伤害。13岁那年，他掉入下水道差点儿淹死。还有一次，他被失控的汽车把头撞了个血洞，血流不止。有一次，他被垃圾车的垃圾掩埋。还有一次，他正在理发店好端端地理发呢，就有一辆汽车撞破理发店的墙，直直地朝着他冲过来……这些事情尽管听上去匪夷所思，但是真的都是发生在他身上的事情，简直让听到的人都啼笑皆非。有一年，是他人生之中最倒霉的一年，他居然17次遭受噩运，几次危在旦夕。对于这样一个命运多舛而且极其倒霉的老人而言，到底是什么使他始终保持坚定自信，迄今为止依然顽强不屈地活着呢？毫无疑问，是老人心底里顽强不屈的精神，是他面对挫折和磨难始终积极奋发的斗志。

对于轻易缴械投降的弱者而言，苦难当然是一次致命的打击，甚至会改变人一生的命运轨迹。但是对于真正的强者而言，苦难则是人生之中不可多得的财富，强者既可以从苦难之中汲取生命的力量，总结人生的经验，也可以在苦难之中让自己不断成熟、奋发向上。所以，我们必须更加勇敢地面对苦难，这样才能获得美好的人生。

世界上的事情从来没有既定的发展轨迹，既然万事万物都处于不断的发展和变化之中，那么我们正在经历着的事情也有可能朝着其他的方向发展。在这种情况下，我们与其对人生绝望，不如怀着希望和勇气，面对人生之中的一切磨难。唯有如此，我们才能熬过艰难的时刻，超越苦难，从而让我们的人生变得更加理想和丰满。古往今来，伟大的人物大多都饱经磨难，所谓“天将降大任于斯人也，必先苦其心志，劳其筋骨，饿其体肤，空乏其身，行拂乱其所为，所以动心忍性，曾益其所不能”。因此，面对逆境，我们更要有坚韧不拔的意志力，才能冲破逆境，成就人生。

不断积累失败的经验，提升自身的能力

失败不但是成功之母，也是通往成功的阶梯。要想奔向成功，最终到达成功的彼岸，我们就要踩着失败的阶梯不断地拾级而上，绝不放弃，最终才能不断积累自身的经验，提升自身的能力，获得成功。

每一个渴望成功的人，都不应该被失败打倒，而要把失败踩在脚底下，从而不断地提高自身，让自己获得成功。从这个

意义上而言，失败就像是成功的垫脚石。每一次失败，我们都踩着失败的垫脚石拾级而上，哪怕每次只能进步一个阶梯，日久天长，循序渐进，我们也能越来越接近成功的顶峰。然而，坚持战胜失败并非只是说说这么简单，因为失败不但会打击人们的斗志，还会摧毁人们的意志。所以，我们唯有具有坚韧不拔的意志，在面对人生的重重困难和各种阻碍时不屈不挠，最终才能从失败中脱身而出，获得成功。

在很多人的记忆里，中国的春节联欢晚会和倪萍是联系在一起的。这是因为倪萍曾经连续十几年主持春晚。然而，倪萍的主持人道路也并非一帆风顺，在作为新人刚刚出道时，她甚至曾经遭遇过严重的挫折，受到过失败的打击。

1993年9月，中央电视台正在热播的《综艺大观》举行了一场金婚专期。这次节目，电视台特意邀请了一些已经步入金婚的科学家作为嘉宾，其中有位嘉宾是我们国家第一代气象学家，可谓德高望重。这次节目是现场直播，当作为主持人的倪萍把话筒送到这位气象学家面前时，气象学家突然接过话筒，对于任何主持人而言，都是不允许让嘉宾拿着话筒的。因为话筒意味着对现场的掌控，也意味着主持人掌控全局的权利。尤其是如果嘉宾说错了话，现场就会更加失控。然而，让倪萍最担心的情况还是发生了。她伸出手想要接回话筒，但是老气象学家躲开了。接下来，气象学家拿着话筒的第一就话就说错了：“首先，我很感谢今天能来到中央气象台。”哈哈，这位老气象学家真是敬业，作为嘉宾接受采访，仍以为自己在进行气象播报呢！为此，台下马上爆发出善意的笑声。台下的导演急得如同热锅上的蚂蚁，不停地以手势暗示倪萍接回话筒，倪萍又两次尝试从老气象学家那里接回话筒，但是都失败了。此时此刻，电视前有无数观众都在看着他们，倪萍在和老气象学家抢话筒的过程中，心始终紧张得砰砰直跳，似乎要从胸腔里跳出来一样。后来，这场艰难的现场采访总算是结束了。节目播出后，很多观众都来信批评倪萍不该和老气象学家抢话筒，还指责倪萍不懂礼貌。其实观众朋友们不知道，直播的节目要精确到分秒，如果老气象学家长篇大论，那么后面必然有嘉宾因为时长不够而无法接受采访。不过，对于这样的误解，倪萍并没有推脱责任，而是选择勇敢承担。她主动承认错误，进行了深刻的检讨，而且努力找到失败的原因，以避免未来再次犯类似的错误。最终，倪萍成为最受欢迎的主持人之一。

对于任何人而言，人生都不可能是一帆风顺的。很多时候，人生中除了既定的那些困难和阻碍之外，还会有很多意外和突发的情况。面对人生的失败和挫折，明智的人从来不会逃避，更不会因噎废食、裹足不前。相反，他们知道错误恰恰暴露了自身的弱点和不足，所以他们抓住这个机会提升和完善自己，也使得自己变得更加趋于完美。

朋友们，我们要学着把失败看得云淡风轻，更要端正心态把失败看成是人生进步的阶梯，这样我们才能在失败之后获得成长，我们的人生之路才会越走越远。

第06章

出彩的人，要熬得住没有星空的夜晚

在人生的漫漫长路上，不只是阳光灿烂，还有灰暗的日子，每个人在成长成熟的过程中都会遇到很多难以想象的困难，要想走好人生之路，我们就要摆正心态，熬住那些没有星空的夜晚，因为，很多时候，你只有硬着头皮上，最大限度地挖掘和发挥自身的能力，才能成为人生真正的成功者。

多吃点苦，凡事靠自己

古话说：“艰难困苦，玉汝于成。”任何人，要想成才成功，不回避“艰难困苦”，方能“玉汝于成”。所以，在日常生活中，我们要学会吃苦，在必要的“穷”和“苦”中得到锤炼，懂得以艰苦奋斗为荣，以骄奢淫逸为耻，方能体会到靠自己的努力争取得来的快乐，才会懂得珍惜。

我们都知道历史上有名的“扶不起的阿斗”，其实，他的昏庸无能很大一部分源自缺乏锻炼的机会，乃至最终留下了“乐不思蜀”这个千古笑柄。

刘备去世后，他的儿子刘禅即位，成为新一代蜀国皇帝。刘禅有个小名叫阿斗，他是个昏庸无能的人。刘备死前，曾经将刘禅交给诸葛亮辅佐，因此，一段时间以内，蜀国没有什么大问题，但诸葛亮等一众贤人死后，蜀国很快亡国，刘禅也被魏国俘虏了。

蜀汉被灭之后的一段时间内，刘禅都留在成都，后来，魏国司马昭觉得不妥，便把他转移到了洛阳。

刘禅到了洛阳，便被司马昭封为安乐公，与他同行的蜀汉大臣也被封了侯。司马昭这样做，无非是为了笼络人心，稳住对蜀汉地区的统治。而在刘禅看来，这已是很大的恩典了。

有一次，司马昭大摆酒宴，邀请了刘禅以及蜀汉的旧臣。席间，司马昭叫来了一些歌女出演蜀国歌舞。众大臣纷纷有所感触，想起了自己的亡国之痛，有的还流下泪来。唯独刘禅，好像在自己的行宫一样毫不动容。

这一切，都被司马昭看在眼里，宴会后，他对贾充说："蜀国出现刘禅这样无能的君主实在可笑，没心没肺都这步田地！相必，即使诸葛亮再世，也无力维持蜀汉的政权了。"

过了几天，司马昭在接见刘禅的时候，问刘禅说："您还想念蜀地吗？"

刘禅乐呵呵地回答说："这儿挺快活，我不想念蜀地。"

刘禅懦弱无能的弱点其实和诸葛亮有很大的关系。刘备在世时，诸葛亮便拥有一切大权，丝毫没有给刘禅任何锻炼的机会，刘备死后，阿斗即位时年值十七，正是长见识增才智的时候，而诸葛亮却包揽一切，阿斗仍然是"温室中的花朵"。因此，诸葛亮一死，阿斗便六神无主了。

其实，之所以要强调不能丢下吃苦这一品德，是为了加强对年轻人意志品质的磨砺、锻炼、培养。我们发现，那些功成名就的伟大人士，无不饱经生活的苦难和精神的洗礼，从而获得了意志和能力上的一种升华；而那些衣食无忧、受人百般呵护的人，或多或少都有些性格、品行甚至价值观上的缺陷，可以说，蜜罐里长大的人弱点相对更多。

的确，现实生活中，一些年轻人不愿吃苦，与他们的生活环境和家庭教育有密切关系，因此，从年轻人自己的角度看，要想在吃苦耐劳的过程中有所收获，就应该将吃苦融入到日常生活中，无论在生活上工作还是学习上，都应多吃点苦，凡事靠自己，相信会对你有所帮助的。

我们先来看其他国家的孩子是怎么吃苦的：

在德国，只要孩子满了18岁，很多父母就会断了孩子的生活费，这些孩子便自己打工挣钱，至于挣多少、怎么花，父母也是不干涉的。当然，对于一些花费较多的、孩子自己已经无法承担的开销，如考驾照，父母就得帮孩子分担一部分了。

在北欧的挪威，打工的孩子也很多，他们挣的钱更是不少，有的孩子能用自己打工赚的钱去国外旅游一圈再回来。比如，他们在高中时，就可以一边打工，一边上学，等到放暑假或者寒假，他们就会拿这部分钱去旅游。他们要么是去饭馆端盘子、刷碗，要么是给人送报纸等。

而在美国的芝加哥，这个美国首富地区之一，依然有很多打工的孩子。比如，曾经有记者看到，一个炎热的夏日里，有三个七、八岁的孩子在路边卖一毛钱一杯的柠檬汁。而在路边的大树下，一位中年妇女躺在那里，看样子，她是那些孩子的母亲。每当小孩子们又赢得了一位路过的顾客，他们便会大声地向那中年妇女喊道："妈妈，又是一毛钱！"眼睛里闪着兴奋与骄傲的孩子们，当天下午已经赚了两块多钱。这位妈妈不但为孩子们创造了一个真实的游戏，同时她也从一个小的侧面教会了孩子金钱与工作的关系。

据美国媒体报道，很多孩子，包括美国前总统奥巴马的女儿萨莎和玛利亚，都通过帮忙做家务赚取一周的零用钱。奥巴马说，他只给自己的两个女儿(当时一个7岁、一个10岁)每人每周一美元，作为她们做家务的报酬，如布置餐桌、清洗碗盘。

走向社会是每个人必将经历的人生课题，参加社会实践，既能让我们在成长道路上开拓视野，又能帮助我们增长智慧，最重要的是，能让我们亲身感知社会现实状况，从而珍惜现在的生活，在吃苦中逐渐独立起来，形成良好的品质和人格。

当然，你并不需要在生活中刻意让自己受苦，吃苦是一种心理承受力。人在艰苦的环境中，战胜的不是环境，而是自己。"逼"自己去吃苦，忍耐力就会降到最低点，不仅不能磨炼自己的意志，还会产生受挫意识。

有勇有谋，勿逞匹夫之勇

生活中总会出现意想不到的难题，面对困难，你是巧妙地解决，还是只会使出一身蛮劲？打个形象的比方，如果说困难是一把硕大的锁，你是找到钥匙开锁，还是用斧头砍上三天三夜，直到把锁砸碎？这代表着两种截然不同的方法，一种是巧干，一种是蛮干。做事情就是这样的道理，心思巧妙的人，总会找到合适的方法用最节省成本的方式解决问题；而不懂得巧干的人，徒然浪费了一身力气，也未必能够收到好的效果。

很多熟悉历史的人都知道“霸王别姬”的故事。故事的主角楚霸王就是一个只知道蛮干的人。他虽然骁勇善战，却不善智谋，最终失去了天下，一个人自刎于乌江边，结局让人悲叹。在老奸巨猾的刘邦面前，他就是一个头脑发达、四肢简单的勇夫，徒有匹夫之勇，毫无智谋。历史上那些赫赫有名的军事家，无不是有勇有谋。

曹操、刘备和孙权三分天下之后，曹操的势力最为强大。公元208年，曹操挥师南下，占领了刘备的大部分领土。曹操野心很大，他想消灭刘备，并且吞并孙权占领的东吴地区。为此，刘备和孙权决定合力抵抗曹操。最终，曹操和孙刘联军在赤壁相遇。由于曹操的将士多是北方人，在水战中频频失利，因此曹操退到江北驻守，与孙刘联军隔江相对。曹操让降将蔡瑁和张允训练士兵学习水战，却被周瑜使用离间计，多疑的曹操误信蔡瑁和张允是奸细，杀死了他们。

为了取得胜利，周瑜与刘备的军师诸葛亮经过商量，决定使用火攻的方法取胜。在一系列严密的计划之后，曹操误以为黄盖想逃投靠他，还采纳了军事家庞统的建议，把船和船全都首尾相连，同铁索锁在一起，以免颠簸。曹操的谋士提出，这样把船连在一起，万一遭受火攻，后果不堪设想，曹操却自负地说：“你的担心是多余的。他们在南面，我们在北面，冬天怎么会刮东南风呢？冬天只有西北风。”其他将士都夸曹操远见卓识，也因此不再担心火攻的问题。不想，有一天居然刮起了东南风。刘备的军师诸葛亮早就通过观察天象知道了要刮东南风，并且和周瑜决定就在这一天发起火攻。这一天，黄盖派人送信给曹操，说自己将要带人投降。曹操站在船头等着受降，远远看到黄盖率领十几只小船，借着风势疾驰而来。正当小船队接近曹操的时候，不想，黄盖一挥手，十几艘小船立即燃起了熊熊火焰。燃烧的小船队顺着东南风冲进曹操的战营，曹操首尾相连的战船马上变成了一片火海。岸上，周瑜早已提前安排好士兵，烧了曹操的粮库。就这样，曹操大败，率军仓皇逃回北方。

火烧赤壁之后，孙权、刘备和曹操形成了三足鼎立之势。

火烧赤壁之前，曹操的军队人多势众，孙刘联军根本不是其对手。幸好有军师诸葛亮出了火烧赤壁的好主意，一举改变了战局，使得情势急转直下，胜负马上见了分晓。在最节省兵力的情况下，得到了最好的结果，这就是巧干。如果他们只是凭着兵力和曹操硬拼，结果也许就不是这样了。

现代社会是一个讲究效率的社会。要想获得成功，就要讲究做事的方法和策略。一味地蛮干，未必能够达到理想的效果反而白白耗损人力财力。优秀的人会在做事情之前进行谋划，找到最佳的方式做事。在现代职场上，“四两拨千斤”的方法也是很受欢迎的，实施的关键就在于“巧”字。现代社会竞争激烈，每日埋头做事已经不是必需，我们应该学会最少的时间和精力把事情做成。现代社会，看的也不是苦劳，而是最终有多少功劳，这就要求我们不但要埋头苦干，还要开动脑筋，找到巧干的办法，从而收到事半功倍的效果。

踩着苦难的阶梯，会取得更大的进步

对于弱者而言，苦难就像是无底深渊，一旦掉入进去，就再也无法出来。对于强者而言，苦难就像是人生攀登和进阶的垫脚石，踩着苦难的阶梯，他们会取得更大的进步。所以说，苦难从本质上其实并不能改变我们的人生，真正影响我们人生轨迹的是我们对待苦难的态度。

美国前总统克林顿，就是个饱受生活困难的人。他之所以能够当选美国总统，并非因为他有过人的家世，也不是因为他是一个伟大的天才，而是因为他从小就受到生活的磨难，养成了勤奋刻苦的习惯。

克林顿的童年非常悲惨。他还在妈妈肚子里的时候，他的父亲就在一次车祸中失去了生命，他的母亲独自一个人根本无法负担起抚养孩子的重任，因而把嗷嗷待哺的克林顿寄养在自己父母的家中。这段时期内，小克林顿在外 公外婆的疼爱和舅舅的言传身教下，养成了坚毅的品质和个性，而且像个男子汉一样敢做敢当。在克林顿七岁的时候，妈妈找到了人生的下一个归宿，再嫁他人。同时，考虑到父母年纪越来越大，因而她把克林顿接到自己的新家生活。就这样，克林顿和妈妈以及继父一起搬到温泉城生活。然而，继父是个酒鬼，动辄喝醉酒打骂克林顿和妈妈。正是在这种寄人篱下的生活中，克林顿渐渐养成了努力表现、表现自己的性格。

中学时期，克林顿在学校里非常活跃，不但与同学们搞好关系，而且对于班级的各项活动以及学校的活动都非常积极。他还表现出超强的组织能力，简直就是活跃着的社交明星。在读中学期间，他还参加了学校里的合唱团，成为首席吹奏手。1963年夏天，因为表现突出，他在学校组织的一次模拟竞选中被评为参议员，得到机会去参观首都华盛顿，由此真正认识了“政治”。在去白宫进行参观时，他更是有幸见到肯尼迪总统，而且与肯尼迪总统握手留影。这一切在克林顿稚嫩的心灵中留下了深刻的影响，为他未来从政奠定了基础。也可以说，这次华盛顿的参观彻底改变了克林顿的人生，使他从立志成为音乐家、牧师、记者等，改为立志成为肯尼迪第二。在人生此后的三十年中，他都目标明确，竭尽全力地去实现自己的人生目标。

人生一定要有目标。没有目标指引的人生，会变得茫无头绪。只有在目标的指引下，我们才能战胜苦难，距离自己的梦想越来越近。如果把人生比喻成大海，那么目标就是我们的引航灯，也是岸边的灯塔，始终指引着我们寻找通往人生目的地的道路。与此同时，海上的惊涛骇浪、狂风大作，都无法使我们的人生偏离航道。如果没有目标的指引，那么我们很容易就会忘却初心，也会在一次又一次的磨难中渐渐失去坚持的毅力和勇气。

毫无疑问，每个人对于人生都有自己的期望，然而生活不如意十之八九，哪怕我们期望自己的人生一帆风顺，我们也依然无法成功摆脱厄运。所以，与其排斥和抗拒人生中的诸多磨难，不如坦然面对和接受这些磨难，把它们当成是如同生命中的阳光雨露一样合理的存在，相信这样的态度会有助于我们消化磨难，也会有助于我们走好属于自己的人生之路。

再等一等，一切总会过去

人生之中，大多数人都在艰难跋涉，很少有人是真正一帆风顺、顺心顺意的。有的时候，人生路上难免风雨泥泞，充满坎坷和挫折。偶尔，还会有灾难突然降临，使得我们的人生更加紧张局促，我们也难免觉得手足无措。尤其是在状况严重的情况下，我们甚至不知道如何面对这一切，也不知道这难熬的时间什么时候才会过去。然而，时间告诉我们，一切都会过去的。

曾经有一位记者问百岁老人对于人生的感受和体验，老人只说了一个字——熬。显而易见，这是一位饱经生活磨难的老人，她不但经历过旧时代，也经历了抗日战争和内战，可谓是浴火重生，见证了历史的发展。这个“熬”字尽管看起来没有太大的文学性和艺术性，却非常生动形象。的确，人生就是熬过来的，不管多么艰难的时刻都不放弃，勇敢地坚毅地熬啊熬啊，最终就来到了晚年，就成为百岁老人。一个数字告诉我们，在时间的流逝之中，一切都终将过去，都会成为历史，唯有坚持，才是人生亘古不变的原则和定律。

如果用一幅图画来表示人生，那么，在大自然的鬼斧神工下形成的江河湖海以及高山沼泽，恰恰是对人生最好的形容和描绘。有的时候，我们面前横亘着一座高山，它很高，看似根本无法逾越，然而，我们难道能够退回去把人生之路重新走一遍吗？当然不可能。退一万步而言，就算我们退回去重新选择，我们也未必就能够绕开所有的高山。所以，面对人生路上横亘的阻碍，我们最重要的不是逃避，也不是回头，而是勇往直前，迎难而上。要知道，温室里的花朵尽管看似美丽鲜艳，却经不起任何风吹雨打。马棚里的马儿虽然看上去膘肥体壮，但是都是中看不中用的。真正的千里马一定是驰骋在辽阔的大地上的骏马，真正的人生强者一定是历经风雨、走过人生坎坷的人。

人们常说，天无绝人之路，这是告诉世人没有过不去的坎。是的，只要活着，哪怕遇到再坏的情况，哪怕一切都让人觉得无法面对、手足无措，只要活着，一切就都会过去。当然，必须强调的是，这一切的前提是好好地活着。很多人特别怯懦，一遇到小小的困难就想到放弃，就恨不得马上摆脱人生、奔向极乐世界。有谁知道极乐世界是否真的存在呢？况且，不管去到哪里，如果总是这么胆小怯懦，也是根本不可能获得幸福快乐的。

每个人都是自己命运的主宰，任何时候，哪怕命运残酷地和我们开玩笑，我们也要坚持不懈，从而在泥泞之中走出一条属于自己的人生之路。越是在艰难困苦的时候，我们越是要乐观豁达。唐代大诗人李白一生命运多舛，但是他从未向命运屈服。这一点，我们从他狂放不羁的诗歌里就能看出来：“天生我材必有用。”这样的诗句，绝不可能出于一个怯懦者之口。

每一条河流在奔向大海的过程中，都难免会受到几块石子的阻拦和打击。这是完全正常的。当我们在人生中遭遇磨难的时候，只需要一笑置之，然后勇敢面对，从而战胜困难，让我们的人生之河流继续奔腾向前。要知道，再大的磨难也不能使时间的脚步停止，这也就注定了我们的命运就是向前，向前，再向前。这种前进的趋势和力量，是不以任何人的意志为转移的。

正如一首歌里唱的，不经历风雨，怎能见彩虹，没有人能随随便便成功。我们也要牢记，人生只有经历风雨，跨越一道又一道看不见的坎儿，才能最终到达我们所期望的终点。真正人生的强者都知道，比起成功来，失败对于我们人生的成长和成熟都有着至关重要的作用，是不可替代也是每个人都必须经历的。

鼓起勇气，怀着坚定不移的信念勇往直前

前文我们说过，为了背水一战，迫使自己勇往直前，我们必须斩断退路。很多时候，退路的确是存在的，而且就在我们身后，只要回头，我们就能改变人生的方向，以新的姿态面对生活。但是，我们能退吗？破釜沉舟的时候，我们无路可退；身后有退路的时候，我们同样也不能退。要知道，人生终究是

退无可退的。一旦后退成为一种习惯，我们哪怕遇到小小的困难，也会第一时间想到后退，以致人生退无可退，真正陷入绝境。真正的聪明人，即便有退路，也不会后退，他们或者斩断退路让自己无路可退，或者勇往直前，根本不会回头。

很多朋友都说，人生是一场没有归途的旅行。退一万步说，即便我们后退，也无法回到来路，更不可能找回生活最初的状态。所以，朋友们，我们必须怀着坚定不移的信念勇往直前，因为，既然后退也是一种前进，那么我们为何不鼓起勇气，真正地奋勇向前呢!

在大自然中，很多鱼每到固定的季节，就会逆流而上。难道它们不知道顺流而下会更节省力气，也会更加轻松吗？但是它们偏不选择那条轻松的退路，因为它们知道，唯有一往无前，才能赢得生机。没有人知道鱼是否因为生活的艰难而流泪，就像没有人知道其他人是否因为生活的艰难而流泪一样。我们必须独自品味内心的煎熬，也必须独自承受生活的艰难。这一切，都是生命所必须经历的。曾经有位老人在冰冻的河水中发现一条鱼，那条鱼显然已经被冰冻很久了，但是它依然保持着游动的姿势，这一点是我们人类必须学习的。还有候鸟，每到季节就会竭尽全力飞到春暖花开的季节，尤其是在漫无边际的大海上，它们飞得筋疲力尽，才能找到歇脚的地方，让自己喘息片刻。人生也是如此，很多时候我们会觉得自己无法继续坚持下去了，然而，唯有坚持，我们才能突破身体和心灵的极限，从而帮助自身赢得更加美好的未来。

读大学期间，小马的成绩就不是很好，几次因为考试不及格参考补考，有一次还被学校劝退呢！他的心思不在读书上，他一心想要跟随朋友做生意。有一次，一个社会上的朋友告诉小马，只要投资二十万，一年之内就可以获得百万的分红。发财心切的小马怦然心动，好不容易才说服父母为他东拼西凑了二十万块钱。然而，只过了一个月，那个朋友的公司就因为经营不善宣告破产，小马的二十万投资，最终竹篮打水一场空。

这次教训很惨痛，父母四处托人找关系，想为小马安排一份安稳的工作。不想，小马决定要继续创业，因为他很清楚，唯有创业成功，才能尽快还上二十万外债。毋庸置疑，成功的道路总是充满坎坷挫折的。小马之后又接二连三遭遇好几次失败。但是，他虽然在学习上不灵光，却很有毅力，他继续再接再厉，百折不挠，最终无意间发现电信公司的某项业务，因而决定成为电信的代理，拿着这项业务到各个大学校园大力推广。小马这次成功了，他不但还清了外债，还赢得了很好的发展。

在这个事例中，父母给安排的稳定工作，对于小马而言无疑是一个很好的退路，但是小马偏偏不愿意后退，而是要继续努力，艰苦创业，接二连三地遭遇失败之后，他终于找到了属于自己的商机，从而一发不可收拾。人生是有高峰和低谷的，任何时候，我们都不要因为身处低谷就放弃希望，也不要因为身处顺境就得意忘形。唯有坚持努力，持续付出，我们才能找到人生的最佳契机，获得梦寐以求的成功。

人生，总是要面对接踵而至的困难和一个又一个的坎。我们一旦后退，就会养成退缩的习惯，导致人生中经常想要不停地后退。在这种情况下，人生还谈何进步呢？所以，朋友们，我们必须勇往直前，这样才能在人生之中乘风破浪，勇敢向前。有人说习惯决定人生，那就让我们的人生养成勇往直前、绝不退缩的好习惯吧！

第07章

唤醒你的潜能，生命就有另一种可能

生活中，我们常听到这样一句话：“玉不琢不成器。”的确，任何璀璨的宝石，无不经历了岁月的洗礼和打磨。其实，任何人也是，也许今天的你很平凡，甚至渺小得如沙砾一样，但是不要为此而感到失落，只要你能挖掘出自己的潜能，你也能成为灿烂的珍珠，你的生命就会呈现出另外一种可能。

做自己最擅长的事，实现自己的价值

扬长避短的做法不管在哪一个领域都有着非常现实的意义，每个人都有自己的闪光点，也就是我们所谓的长处，这是自己的优势所在，如果你对它进行深度挖掘、投资，你会惊喜地发现，你的行动往往能取得事半功倍的效果。

但现实生活中的很多人认为做自己应该做的事情就已经足够多了，已经无暇分身再思考别的了，或者说做自己能做的事就行了，但这仅仅是最无奈的选择和做法。知道自己最优越的能力，做自己最擅长的事，充分发挥自己所具备的素质和内涵，实现自身应有的价值，这才是最明智之举。

在竞争的路上，那些有灵性、头脑聪明的人都知道寻找最合适的方法。做擅长的事，走熟悉的道路，这就是通向成功的捷径。走捷径会使你摆脱很多不必要的干扰，走捷径会使你觉得成功近在咫尺。

万科是国内一家著名的房地产公司，曾专注于房地产住宅的开发，在国内赫赫有名。在过去经济萧条、市场最艰难的时候，万科凭借自己的努力坚持下来了，但是，当它迎来明媚的春天的时候，它禁不住市场的诱惑，耐不住一时的寂寞，盲目地放弃了自己的特长，转移了业务，去做生命科学和IT项目，到头来竹篮打水一场空。

离开了自己熟悉的地方，放弃了自己最擅长的事，在激烈的竞争中，往往就会败下阵来，拿自己的劣势跟别人的优势相抗衡，就像用鸡蛋去撞击石头，结果可想而知。

美国微软公司总裁比尔·盖茨有一句口头禅："做自己最擅长的事。"这句话被众多的企业家所认同。如果你留心那些成功人士，就会发现他们的一个共同特征：不论智商高低，也不论他们从事哪一种行业、担任何种职务，他们都在做自己最擅长的事。

为了给自己"充电"，森林里的动物们开办了一所学校，开学典礼那天，来了许多动物，有小鸡、小鸭、小鸟，还有小兔、小山羊、小松鼠。学校为它们开设了5门课程，分别是唱歌、跳舞、跑步、爬山和游泳。第一天老师决定上跑步课，小兔子兴奋地在体育场跑满了一个来回，自豪地说"我能做好自己天生就擅长做的事！"而其他小动物，则有的噘着嘴，有的耷拉着脑袋……小兔回到家里对妈妈说"这所学校太好了，我实在太喜欢了。"

第二天一大早，小兔子蹦蹦跳跳地来到学校。老师宣布今天上游泳课，这时小鸭子兴奋得一下跳进了水里。天生恐水的小兔子傻眼了，其他小动物也只能“望洋兴叹”。接下来，第三天是唱歌课，第四天是爬树课……学校里每一天的课程，小动物们总是有擅长的与不擅长的。

这则寓言看似很普通、简单，却蕴含了一个深刻的哲理：要成功，小兔子就应跑步，小鸭子就该游泳，小松鼠就得爬树。它的潜在寓意就是说，做自己最擅长的事情，最容易有所成就。

盖洛普名誉董事长唐纳德·克利夫顿曾说过：“在成功心理学看来，判断一个人是不是成功，最主要的是看他是否最大限度地发挥了自己的优势。”可往往有些人不在意这些事，觉得天底下没有自己干不了的事，没有自己做不成的行业，盲目地“挑战极限”，结果也不言而喻。

无论一个人具备多么好的天赋、多么高的智商，他也不会将所有能力收于囊中，他难免存在优势与劣势。就才能而言，有人敏于感知，有人善于记忆，有人强于创造，有人思维活跃，有人逻辑缜密，有人判断客观，有人处事巧妙……既然人各有所长，也各有所短，那就应该处理好“长与短”的关系。大凡聪明的人，都会懂得“善用其长，不显其短”的道理。一般说，善取长弃短者，都能将自己的优势发挥到最大化，反之，“舍长就短”者，便难以称之为智者。

能力是成功的资本，但对很多人来说，发现自己的能力即擅长做什么，是一件比较困难的事情。因为他们宁可相信别人也不相信自己。其实，任何人都不必看轻自己，要相信自己是独一无二的。社会上大多数的人，只会羡慕别人，或者摹仿别人，很少有人去认清自己的专长，了解自己的潜能，然后锁定目标，全力以赴，因而大部分人不能够成大事。这种人只能怪罪自己。擅长来源于兴趣，如果没有兴趣，就不可能产生一种欲望对一个领域进行接触和深入的了解，当然也就不可能有这方面特长和经验的培养和积累。

每个人的优势不同，善于发掘自己的长处，做自己擅长的事，其实这就是属于你自己的一笔宝贵的财富，将优势发挥到最大化，不断给大脑充电，不断给予优势一定的营养，你会发现，你正在将自己的财富升值。

顺应天势，巧借他人之力

从小我们就被教育要凭借自己的力量走向成功，自己的事情需要自己去做，不要把希望放在别人的身上，凡事都要自力更生。虽然个人奋斗的重要性无需多言，但当我们个人付出了很多的努力仍难以得到回报的时候，难免会产生一种忧闷的情绪，甚至灰心丧气、一蹶不振、自暴自弃。

实际上，假如我们从另外一个角度去想，想想如何借力行事，从而永远保持着积极向上的心态，那么无异于发现了一条通往成功之路的蹊径。当然，这样的借力行事，并不是说我们可以完全摒弃个人奋斗，任何事情都需要依靠外力来帮忙。真正的借力行事，就是在我们原有的努力基础之上，巧妙外借他人之力，顺应天势，以此来达到我们所想要的结果，这就是人生中的大智慧。

荀子在《劝学》中就说到："假舆马者，非利足也，而致千里；假舟楫者，非能水也，而绝江河。君子生非异也，善假于物也。"寥寥数语就道出了人生的大智慧，君子其实与其他人并没有大的差别，只是因为他们善于借助和利用外物而已，这就是一种善于借助外力的大智慧。因为一个人的能力往往是有限的，你必须借助外界的力量来达成自己的目的，借他人之力来促使自己的成功。在我们现实生活中，一个人要想成就一番事业，单枪匹马是不足以获得成功的，他或多或少都要依靠外来的力量，如地位、名望、财富或者权力，否则他就会举步维艰。

比尔·盖茨曾经说："一个善于借助他人力量的企业家，应该说是一个聪明的企业家，在办事的过程中善于借助他人力量的人也是一个聪明的人。"因此，在人生的路途中，当你觉得一个劲儿地向前冲并不能为自己解决问题时，就要学会舍弃一些坚持，一个人横冲直撞并不能成功，我们必须借助他人的力量来增强自己的力量。

成吉思汗被世人赞为“一代天骄”，但其实，成吉思汗在历史上几次大规模的战争中都处于劣势，那么，为什么大多数时候都是他获得胜利呢?

因为成吉思汗善于利用外力来为自己打天下。他利用了札木合、王罕与蔑儿乞人之间的宿怨，利用塔塔儿人与王罕的旧仇，利用札木合与王罕之间的新隙，成功地分化了阿兰人与钦察人，然后各个击破，最后征服了整个东欧草原。他在对付每一个敌人的时候，还会利用敌人内部矛盾，如利用札木合与他一些下属的矛盾，利用王罕父子的矛盾等。在扩张过程中，他利用金夏之间的矛盾，攻下西夏，从根本上清除了两国联合御敌的可能；而在攻打曲出律时，他又利用西辽的阶级矛盾与宗教矛盾，分化瓦解了曲出律的势力，使强大的西辽变得不堪一击。

每当成吉思汗征服了一个地区，他就把所俘获的俘虏杀了，妇女掳为己有，儿童抚养长大便成了蒙古的新生力量，不杀的男丁、士兵则编入军队，充当伪军去进攻敌人。所以，在蒙古大军的扩张过程中，成吉思汗的军队不少反而多了起来。另外，他还常用俘虏去攻打敌人，当攻下了一个地方之后，他就把那些俘获的百姓放在军队前面，让那些百姓充当挡箭牌，一般守城的人见了自己的同胞都会手软，不忍下杀手，如此一来，自然大大削弱了对方军队的战斗力。

成吉思汗借助敌人的力量，成就了“一代天骄”的美名。在他兵力还不是很雄厚的时候，他先后联合了草原雄鹰札木合和王罕，依靠联合他人的力量来成就自己的事业，最后成为了草原霸主。事实上，历史上许多成大事者都很善于借助他人力量来使自己获得成功。草船借箭的故事几乎家喻户晓，如果当时孔明坚持自己造箭，那肯定会以失败告终，所以，他借助外力完成了任务，也让周瑜刮目相看。

无数的例子告诉我们，借力行事是通往成功之路的法宝。孙中山曾说过：“世界潮流，浩浩汤汤，顺之者昌，逆之者亡。”世间的任何事物都有其规律可循，只有顺势而为，才能事半功倍，即使是伟人，他们也不能逆势而为。而且，自古以来人们就讲究“天时、地利、人和”方能成就大事。

实际上，这都是借外力而为，顺势成事才是真正的大智慧。所以，当我们直接向前行却难以取得大的成就的时候，不妨舍弃坚持，借力行事，顺势而为之，如此，必将成大事。

一个人的力量毕竟是有限的，而你要想在人生的道路上获得成功，除了靠自己努力奋斗之外，有时候还需要借助他人的力量，就像是三月里的风筝，凭借好风力，才得以望尽大好河山。所以，在必要的时候，我们要舍弃“一意孤行”的固执，而善于借助外力获得成功。

只要有信心，就有可能创造奇迹

在《圣经》中有这样一句话：“你的成功取决于你的信心。”事实上，自信往往能产生奇迹，相信自己的人，总是充满极大的热情和力量。简单地说，那些在信心庇护下的人能从束缚、妨碍缺乏信心的人的许多担忧和焦虑中解脱出来。

自信的人有行动的自由，能力也能自由发挥，在这种自由下能取得一定的成就是必然的。反之，一个人的思想若是受到了担忧、焦虑、恐惧或无把握感的束缚和妨碍，他的大脑就不可能有效地指挥自己去完成某些事情。

信心是一块伟大的基石，在人们作出努力的所有方面，信心往往能造就奇迹。信心使人们的力量倍增，更能激发人的潜能，如果没有信心，你将一事无成。即使是一个有着卓越能力的人，一旦他对自己或对自己的才能失去信心，他就会迅速地失去力量，变得不堪一击。

杰克·韦尔奇出生在一个典型的美国中产阶级家庭，父亲在铁路公司工作，每天早出晚归，因而，培养孩子的任务就落在了母亲的身上。与其他母亲不太一样，她对韦尔奇的关心更注重于提升他的能力和意志上。母亲是一位十分权威的人，她总是让韦尔奇觉得自己什么都能干，教会韦尔奇独立学习。每当韦尔奇的行为有所不妥，母亲总是以正面而有建设性的意见唤醒他，促使韦尔奇重新振作，母亲虽然话不是很多，但总令韦尔奇心服口服。

母亲一直抱持着这样的理念：坦率的沟通、面对现实、主宰自己的命运。她将这三门功课教给了韦尔奇，使得韦尔奇终身受益。母亲告诉韦尔奇："要掌握自己的命运就必须树立自信。"韦尔奇到了成年以后还是略带口吃，但是母亲安慰韦尔奇："这算不了什么缺陷，只不过思维比开口快了一些。"正是母亲给予的这份自信，让口吃不再成为阻碍韦尔奇发展的绊脚石，而是成为了韦尔奇骄傲的标志。美国全国广播公司新闻部总裁迈克尔对韦尔奇十分钦佩，甚至开玩笑说："他真有力量，真有效率，我恨不得自己也口吃。"

韦尔奇的中学成绩应该可以进美国最好的大学，但是，由于种种原因，他最后只进了一所州立大学。刚开始，韦尔奇感到十分沮丧，但进入大学以后，他的沮丧变成了庆幸。他后来回忆这段经历，这样说道："如果当时我选择了麻省理工大学，那我就会被昔日的伙伴们打压，永远没有出头的一天，然而，这所较小的州立大学，让我获得了许多自信，我非常相信一个人所经历的一切都会成为自信的基石，包括母亲的支持，运动，上学，取得学位。"韦尔奇的大学班主任威廉这样评价他："他总是很自信，他痛恨失败，即使在足球比赛中也一样。"1981年，韦尔奇成为了历史上最年轻的CEO，他是通用电气公司董事长。而自信成为了通用电气的核心价值观之一，韦尔奇这样说：“所有的管理都是围绕自信展开的。”

韦尔奇这样解释他的成功：“我们所经历的一切都会成为我们信心建立的基石，当你被选为一支球队的队长时，当你在球场中选队员时，你就掌握了这支队伍，然后事情就这么发生了，渐渐地，你会习惯这些经验，而人们也会信任你，给予你善意的回应。”谁能想到一个略带口吃的人会成为举世瞩目的名人呢？或许，在很多年以前，韦尔奇自己也不相信，因为自信，他缔造了一个世界奇迹。

生活处处充满奇迹，只要你相信就一定能实现。信心使你坚信自己一定能成功，信心能开启守卫生命真正源泉的大门，正是借助于信心，你才能发掘伟大的内在力量。在很多时候，你的人生是辉煌还是平庸，是伟大还是渺小，都将与你的信心成正比。

现实生活中的许多人不相信自己，他们甚至不知道信心为何物，在他们看来，这个世界并没有什么奇迹。其实，这都是源于他们对自己缺乏信心。要知道，信心能使我们站得高、看得远，能使我们站在高山之巅，眺望远方，看到充满希望的大地。

将自己逼入绝境，再绝地反击

在人生之中，人人都想获得成功，但是成功并非轻而易举就能得到的。更多的时候，我们在顺遂的环境中生活，最终却失去成功的动力；我们的人生因为过于安逸，变得停滞不前。相反，很多人之所以获得成功，并非因为占据天时地利人和，而是因为人生被逼入绝境，只能绝地反击。所以，有人说成功是被逼入绝境后的绝地反击，是置之死地而后生。尽管这样的成功听起来未免悲壮，却给我们的命运带来更多的希望和契机。

真正通过努力获得成功的人，才能更加深刻地体验到成功的真谛。一个人即使侥幸得到好运气，也无法在成功的道路上一帆风顺。在这个世界上，绝没有从天而降和一蹴而就的成功。要想获得成功，如果普通的努力不见成效，那么我们就要把自己逼入绝境，然后再扭转局势，进行反击。

作为举世公认的珠宝大师，陈世英是迄今为止第一个应邀参加巴黎古董双年展的华人艺术家。从很小的时候开始学习珠宝雕刻，陈世英如今已经走过了半个世纪。对于自己如今的成就，他说："我每一次都把自己逼入墙角，才能做成一些事情。"从这句话我们不难看出，陈世英对于珠宝雕刻，付出了很多，也走过了无数的艰辛。他的手背上曾经因为刻刀的意外伤害导致五根手指筋全部被切断。难以想象，他当时看着手背上鲜血淋漓的五根筋，该是怎样地痛楚。

现在，有很多珠宝设计师都是纸上设计师，他们对于制作珠宝的其他流程都不熟悉。但是，陈世英和他们不一样，他最早是小学徒，专门学习雕刻。当时，他因为家境贫困，总是跟随大人去工厂里做活，去挣那每天几毛钱的工钱。直到十七岁的时候，他才开始学习对各种材质的雕刻，雕刻技巧和专业知识也得到了突飞猛进的发展。十几年之后，他独创的五面倒影雕刻法，居然荣获国际设计大奖。

迄今为止，陈世英依然不遗余力地进行各种创新，追求质量的卓越。他手中诞生的每一个作品，都是孤品，他从来不批量制作任何产品。为此，他的手上伤痕累累。陈世英印象最深刻的事，是制作佛牙舍利塔。当时，尽管香港最优秀的冶金师都劝说他放弃尝试，他却在瑞士找到了能够承担这项艰巨任务的工厂。后来，为了打磨出合格的水晶球，他更是不断钻研，不但尝试，最终打造出完美无瑕的水晶球。为了完成这项工程，陈世英花费了两年半的时间。在此期间，他不仅付出大量的时间和精力，精神上也濒临承受的极限。从陈世英的经历来看，他总是把自己逼入墙角，置之死地而后生，从而获得生机，创造奇迹。

从陈世英大师的经历中，我们不难看出，所谓成功，就是一眼看去，前面已经没有出路，因此我们必须不断坚持和努力，才能在绝境中开掘出新的生路，从而为我们的人生带来更多的机遇和发展。所以我们才说，成功是遭遇绝境后的绝地反击。有的时候，我们采用寻常的方法求不来成功，既然如此，我们不妨反其道而行之，采取完全相反的方法，把自己逼入绝境，然后再扭转局势，真正打开局面，获得成功。

朋友们，当你们再次想要抱怨命运不公或者人生坎坷的时候，不如换个思路思考问题，从完全相反的角度考虑问题。这样，也许你们就能够柳暗花明又一村呢！

唯有热爱，才能产生源源不断的动力

人生在世，要有一番成就，就必须要有目标,这是毋庸置疑的。正是因为这一点，现实生活中的很多人，总是认为自己手头的工作毫不起眼，于是，他们总是渴望拥有一份更能发挥自己能力与价值的工作。其实并非身居要职才能有所成就，只要专注于手头的工作、全力以赴，你就能产生火热的激情，就能每天获得进步并最终有所成就。成功始于源源不断的工作热忱，你必须热爱你的工作。热爱你的工作，你才会珍惜你的时间，把握每一个机会，调动所有的力量去争取出类拔萃的成绩。

詹姆斯·巴里说：“快乐的秘密，不在于做你所爱的事，而在于爱你所做的事。”工作在我们的人生中占据了大部分的时光。如果不能热爱自己的工作，那我们就会整天处在郁闷之中。比尔·盖茨有句名言：“每天早上醒来，一想到所从事的工作和所开发的技术将会给人类生活带来巨大的影响和变化，我就会无比兴奋和激动。”

苏格拉底说：“不懂得工作真义的人，视工作为苦役。”这句话的含义是，工作是否能为我们带来快乐，取决于我们对工作的看法。因为快乐的秘密不在于做你所爱的事，而在于爱你所做的事。当我们能做到为自己工作、为明天积累时，我们将拥有更大的挥洒的空间，更多的实践和锻炼的机会。找到工作中的乐趣，能够让你在工作岗位上更主动更积极地处理各项事务，为自己不断开创新的工作机会和发展空间。

我们不妨先来看下面一个故事：

很久以前，在西方，有一个人在死后来到一个美妙的地方，这里能享受到一切他曾经没有享受过的东西，包括妙龄美女和美味佳肴，还有数不尽的佣人伺候他，他觉得这里就是天堂。可是，在过了几天这样的生活后，他厌倦了，于是，对旁边的侍者说：“我对这一切感到很厌烦，我需要做一些事情。你可以给我找一份工作做吗？”

他没想到，他所得到的回答却是摇头：“很抱歉，我的先生，这是我们这里唯一不能为您做的。这里没有工作可以给您。”

这个人非常沮丧，愤怒地挥动着手说：“这真是太糟糕了！那我干脆就留在地狱好了！”

“您以为，您在什么地方呢？”那位侍者温和地说。

这则寓言故事是要告诉我们：失去工作就等于失去快乐。但是令人遗憾的是，有些人直到失业之后才能体会到这一点，这真不幸！

追求快乐固然没有错，但你要明白，只有踏实工作才能真正获得快乐。不可否认，浮躁的现象在当代社会极为普通，具体表现为人们看不到劳动的真正价值，更做不到安心工作，往往心浮气躁，事情刚做到一半，就觉得前途渺茫、失去兴趣，于是，大多数人一事无成。

事实上，即使你现在感觉厌烦工作，你也应坚持再作一些努力，忍辱负重、积极向前，这将引起你人生的根本大转变。

孙女士是一个典型的事业型女人，但同时，她又是个不喜欢喧闹的人。2003年，她就开了一家自己的茶楼，很多朋友问她为什么做这行，她的回答是：“我喜欢安静的氛围，安静地听音乐，安静地喝着茶，这样，所有的生活、工作的压力也都不翼而飞了，所以我觉得开这个茶楼能让客人心神安宁。”

的确，开业至今，孙女士的茶楼在圈内已小有名气，黑白色调，纯正的法式风味，大厅里有一面偌大的书墙，清淡的书香与法式气质融为一体。认识她的人都说，孙女士像极了她店内墙壁上所画的女子：安静、温柔、追求完美。

但她似乎又总是充满能量，总是不知疲劳地工作。

对孙女士来说，最快乐的事情是早上起来看着儿子在楼下玩耍，因为她要到深夜才回家。“我希望客人在第一时间里就能感受到我们准备好的一切——干净的空气、新鲜的花、清澈的玻璃窗、没有味道的卫生间……”孙女士总喜欢亲自招呼客人，“我所做的全部都是站在客人的角度上，把自己当成一个客人去挑剔。”

无论在什么时候，孙女士都是一个工作狂：以前作为公司的部门经理，每天工作时间常常超过8小时，精力旺盛，喜欢挑战；自己做老板了，还事必躬亲。“我只要一工作就感觉非常满足”，孙女士说，“我觉得我是属于压力型的，压力越大工作越出色。”

故事中的孙女士为什么能拥有成功的事业？因为热爱！是这份热爱让她充满了能量。而其实，你也能做到，即使你现在感觉厌烦工作，你也应坚持再作一些努力，忍辱负重、积极向前，这将引起你人生的根本大转变。

的确，在人生经营中，倘若劳动不能给我们带来至高无上的快乐，那么，即使我们能通过其他方式获得，最终结果也往往不尽如人意。而且，专心致志于工作所带来的果实，不仅会让我们有成就感，还可以为我们奠定做人的基础，锤炼我们的人格。

第08章

越是运气不好，越要沉住气

生活中，不少人对身边那些做出成就的人总是抱以羡慕嫉妒的眼光，进而感叹自己命运多舛、运气很差。其实，我们应该先重新审视一下自己，真的是因为运气很差吗？运气往往与努力相连，如果足够努力，那好运自然会到来。在这个世界上，没有无缘无故的好运，所有的好运都是努力而来的。做人做事用多大的力气，就会获得多少成功。所以，我们要永远记住一句话：越努力，越幸运。

绝不能被打垮，人不是为失败而生的

在海明威的代表作《老人与海》中，圣地亚戈已经接连八十四天没有任何收获了。虽然他每天都坚持出海打鱼，但是他总是毫无收获。即便这样，他依然满怀着希望和信心。在第八十五天，圣地亚戈一如往常，驾驶着自己破旧的小船再次奔向海洋深处。这次，他的运气很好，因为他捕到了一条特别大的马林鱼，甚至比他的渔船更大。这条鱼显然没有那么容易降服，它不停地反抗，在海里掀出巨浪，还用身体撞击渔船，让圣地亚戈跌掉。为了制服这条大鱼，圣地亚戈的双手鲜血淋漓、血肉模糊。在这种情况下，其实他只要割断尼龙绳，就可以放开大鱼，也解脱自己。然而，他始终坚持不放弃。在与大鱼搏斗了一天一夜之后，他已经没有干粮可吃了。他不得不吃生鱼、喝生水，继续与大马林鱼纠缠。直到两天之后，他才彻底制服马林鱼。然而，闻到血腥味赶来的鲨鱼群开始疯狂地抢食马林鱼，尽管圣地亚戈已经浑身乏力，他却依然勇敢地与鲨鱼搏斗。等到他终于击退鲨鱼，回到港口时，那只大马林鱼已经只剩下一副鱼骨头了。如此年迈的老人，如此恶劣的环境，是什么支撑着他毫不气馁、永不放弃的呢？是一种不服输的精神，是一种不放弃的信念。看着空空的骨架子，老人说：“人不是为失败而生的。你尽可以打倒一个人，但就是不能打败他。”

圣地亚戈的精神永远在世界文学的宝库中熠熠闪光，海明威给所有的读者带来了永不服输的坚强信念。每个人在生活中都会遭遇各种各样的困境，有些打击甚至是致命的。然而，只要我们心中怀着希望，永远不放弃生活，命运的缰绳就永远握在我们的手中。圣地亚戈告诉我们，即使困难再强大，只要我们充满勇气，永不屈服，那么困难只能暂时打倒我们，却不能使我们永远失败。因为，只要我们心中有信念，就随时能够再次站起来，拉紧命运的缰绳。永不言败，正是海明威留给全世界广大读者的最宝贵的精神财富。

在一部电影中，小栓子和战友们一起参加剿匪行动，双方进行了一场恶战。土匪占据有利地形，虽然兵力不足，但还是凭着天堑抢占了先机。最终，小栓子和战友们经过浴血奋战，好不容易才把土匪打得溃不成军。战友们一鼓作气，跟在土匪后面穷追不舍。由于山林茂密，追着追着，小栓子掉队了，走到了悬崖旁。正当小栓子不知道应该往哪里走时，突然一个土匪从巨石后面爬出来，与小栓子迎面撞上了。看到此情此景，小栓子不假思索地端起了枪，只是他知道自己的枪里并没有子弹。然而，此时此刻，退缩显然已经是不可能了，既然已经端起了空枪，小栓子很清楚自己只能继续维持这个动作，以震慑敌人。为了使自己的气势更强，小栓子还瞪起了眼睛，努力让自己的腿不颤抖，胳膊也显得强劲有力。他们就这样对峙着，谁也不愿意退缩。他们都心知肚明，一旦退缩，就必死无疑。此时此刻，他们已经不是以枪指着对方，而是以能够杀死人的目光折磨着对方，以意志抗拒着对方。

小栓子已经一天一夜没有吃饭了，他肚子里面空空如也，脑海里只有一个信念：我一定要坚持到底，我不能投降！时间一分一秒地过去，残匪渐渐现出原形：他的眼光不再犀利，腿也开始哆哆嗦嗦。最终，他扔掉了手里的枪，浑身疲软地瘫倒在地。小栓子欣喜若狂，努力控制自己不要晕倒，又扯了一根粗壮的藤条，把残匪结结实实地绑了起来。当检查之后发现绑匪的枪里也没有子弹时，小栓子一下子坐在地上，觉得心砰砰砰地乱跳起来。

在这个生死攸关的时刻，如果小栓子没有顽强的意志力和不投降的信念作为支撑，知道自己枪里没有子弹的他，一定会颓然倒地。其实，残匪也和小栓子的想法一样，即以顽强不屈的意志力震慑小栓子，不过，他的毅力没有小栓子强，所以最终主动丢掉空枪，放弃抵抗。不得不说，是意志力救了小栓子一命，否则，谁死谁活还不一定呢！

其实人生中有很多这样的时刻，尽管不是生死对决，但是同样需要我们坚持不懈，以顽强的意志力坚持到最后胜利的时刻，在胜利之前决不放弃。细心的人会发现，大凡成功人士，都有着超强的意志力。即使情况再怎么复杂，处境再怎么艰难，他们也从不会轻易放弃努力，更不会半途而废。正如一位名人所说，人最大的敌人其实是自己。当我们战胜了自己后，我们就会变得无往不胜。只要你不肯投降，生活就一定为你所主宰。相反，如果你动不动就放弃，那么你就会成为命运的洪流中随意摆动的一片浮萍，再也无法主宰自己的人生。只有不肯投降的人和从不言败的人，才是真正的强者。

与其抱怨，还不如奋起直追

英国著名作家奥利弗·哥尔德斯密斯曾说：“与抱怨的嘴唇相比，你的行动是一位更好的布道师。”与其抱怨，不如从此刻开始行动。面对生活里的一丁点不如意，人们最普遍的反应是抱怨、不停地抱怨，抱怨父母不理解，抱怨社会太现实，抱怨朋友的欺骗，于是，抱怨成为了一种习惯。然而，那些不如意的事情、悬而未决的事情并没有得到真正的解决，自己的情绪反而因为抱怨而陷入了恶性循环，这就是抱怨所带来的负面影响。我们所生活的世界每天都在发生变化，关键的是，我们自己为这个世界带来了什么样的变化？

对于大多数人来说，每天所做的最多的事情就是抱怨这样或那样，而这些情绪会逐渐形成负面的改变。对此，心理学家认为，学会关注他人、尊重他人，为其提供礼貌、周到的服务，则会造成积极的改变。所以，停止抱怨，将这样一种怨气付诸实际行动，从此刻开始改变吧！

王小姐是公司负责企划案的经理，最近刚刚接了一个企划案，需要另外一个部门的配合，以便有效地执行方案。可是，令王小姐感到苦恼的是，自己的搭档因为觉得所附加的工作量太大而不愿意去做，还责怪王小姐："我最近都很忙啊，你还拿这样的企划案来找我，真是没事找事！"王小姐心中一肚子怒火，忍不住找同事抱怨："咱们都是为工作，我们行，她怎么就不行呢？"说着说着，王小姐发现自己的怒火越来越大，甚至，哪怕是看见另外一个部门的员工，心中的火气也会"腾"地一下冒起来。

不过，抱怨了事情还是没有解决，王小姐意识到这根本不能解决问题，双方需要沟通。她心想：抱怨毕竟只是发泄，解决不了问题，既然是为了工作，那就是对事不对人，我得找她沟通去。后来，王小姐找了一个机会把自己的意图跟工作中的搭档解释了一下，对方竟欣然接受了即使加班也要完成工作的要求。工作任务完成之后，王小姐长长舒了一口气，说道：“如果当初我继续抱怨下去，就会影响我跟她继续合作的情绪，工作肯定完成不了，看来，以后，我得少抱怨，多行动才行哪！”

有时候，我们在工作中会遇到一些人际关系麻烦，有的人的处理方式是跟其他人抱怨，这无疑是制造了一个“三角问题”，自己和工作搭档有问题，却和另外一个人去讨论这些事情。事实证明，一味地抱怨根本解决不了问题，改变事情现状最有效的方式是立即行动起来。所以，请停止抱怨，放弃抱怨，从此刻开始行动吧！

从前，有一位年老的印度大师身边有一个喜欢抱怨的弟子。有一天，印度大师让这个弟子去买盐，等到弟子回来后，大师吩咐这个喜欢抱怨的弟子抓一把盐放在一杯水中，然后喝了那杯水，弟子按照师傅的吩咐一一做了，大师问道：“味道如何？”龇牙咧嘴的弟子吐了口唾沫，说道：“苦！”

大师一句话没说，又吩咐弟子把剩下的盐都洒入了附近的一个湖里，听从师傅的吩咐，弟子将盐倒进湖里。大师说：“你再尝尝湖水。”弟子用手捧了一口湖水，尝了尝，大师问道：“什么味道？”弟子回答说：“味道很新鲜。”大师继续追问：“那你尝到咸味了吗？”弟子回答说：“没有。”

这时，大师才微微一笑，说道：“其实，生命中的痛苦就像是盐，不多，也不少，在生活中，我们所遇到的痛苦就这么多，但是，我们体验到的痛苦则取决于将它放在多么大的容器里，所以，面对生活中的不如意，不要成为一个杯子，老是抱怨，而要成为湖泊，去包容它，通过实际行动来改变自己的现状。”弟子若有所悟地点点头。

什么是抱怨呢？有人说这是一种宣泄、一种心理平衡，似乎抱怨可以将那些不如意的情绪发泄出来。每个人每天可能都会面对许多不如意的事情，如果只是一时地抱怨，那还可以接受，但是，有时候，抱怨久了就会形成习惯，而抱怨的根源是对现实的不满意。一个人来到这个世界上，面对生活中的诸多不如意，我们只有两个选择，要么接受，要么改变。

从前，在魏国东门有个姓吴的人，他的独生子死了，可是，他看起来也一点都不伤心，每天仍早出劳作，快乐自在。有人对此感到不解：“你的爱子死了，永远也见不着了，难道你一点也不悲伤吗？”那位姓吴的人却回答说：“我本来没有儿子，后来生了儿子，如今儿子死了，不是正和我以前没有儿子时一样吗？每天那些农活依然是我的工作，我又何必去忧伤呢？花费时间去伤心，不如将这样的精力投入实际行动中。”

阿尔伯特·哈伯德曾说：“如果你犯了一个错误，这个世界或许将会原谅你，但如果你未做任何行动，这个世界，甚至你自己都不会原谅你。”抱怨只是一种语言而不是行动，当一个人过多地被语言困扰的时候，就会失去行动力。当然，将抱怨转化为动力，我们还需要拥有广阔的胸襟，只有看透了抱怨的实质，我们才有可能将怨气化为动力。

抱怨是接受现实的一个阻碍，我们总是想到：这件事对我是不公平的，这样的事情怎么会发生在我的身上呢？我怎么能接受这样的事情呢？所以，一种强烈的倾诉欲望开始萌发，我要去对别人诉说，以此证明我的无辜和委屈。于是，在我们抱怨的时候，我们已经失去了去改变这件事情的机会。那么，当我们无休止抱怨的时候，有没有想过比抱怨更好的解决方法呢？

在低调中积累实力，在吃苦中养精蓄锐

说起真正的狠角色，大多数人脑海中首先出现的就是那些面色阴郁、能力超强、清高孤傲的人。我们的生活中的确有很多这样的人，他们在学习上是佼佼者，在工作中也出类拔萃，因而他们的一切骄傲似乎都是理所当然的，他们尽情享受着身边人对他们的毕恭毕敬。实际上，这些人并不是真正的狠角色，而只是性格比较古怪、很难接近的人而已。真正的狠角色，绝不会如此锋芒毕露，他们通常隐藏很深，因而看似貌不

出众，实际上却是“卧龙凤雏”。从表面上来看，他们非常普通，甚至显得有些不起眼，他们特别聪明，即便在工作上有突出表现，也绝不恃宠而骄。此外，他们也不清高。他们虽然高高在上，却能自降身份与周围的同事打成一片。这样一来，他们不但在工作上表现优异，也会如愿以偿地拥有好人缘，可谓占据天时地利人和。

在现代职场上，那些真正的狠角色，不但能够吃得苦中苦，也很懂得低调做人、高调做事的道理。他们很擅长出奇制胜，也很明白养精蓄锐的道理。和那些特立独行的人相比，他们尽管个性很强，却处世圆滑。如果说怪人总是棱角分明地得罪他人，那么，他们则能够低调做人，得到所有人的喜爱。和怪人相比，他们的内心更加强大，也能够在人际关系复杂的职场上游刃有余、如鱼得水。

东汉末年，曹操的势力非常强大。刘备尽管贵为皇叔，势力却远远比不上曹操，为此他不得不在后园种菜，每天都在菜园里亲自侍弄蔬菜瓜果，以免曹操视他为心腹大患。

有一天，曹操命人去菜园里去请刘备去喝酒，刘备虽然心中害怕，却无法拒绝，只得同意。曹操带着刘备来到早就备好酒菜的小亭子里，二人对坐而饮。酒过三巡，天空中突然阴云密布，眼看着大雨将至。这时，曹操借口谈论龙的呼风唤雨，把龙比作天下英雄。随后，他问刘备谁是当今的英雄，刘备故意装出毫无志向的样子，接连说了几个人，曹操都表示否定。

这时，曹操很想探明刘备是否有称霸天下的意愿，因此故意说："夫英雄者，胸怀大志，腹有良谋，有包藏宇宙之机，吞吐天下之志者也。"刘备问："如此说来，谁能当得起英雄呢？"曹操直截了当地说："只有你我。"刘备心惊胆战，手里的筷子情不自禁地掉落地上。恰逢此时雷声大作、大雨倾盆，他马上计上心来，说自己是因为打雷才吓掉了筷子。曹操闻言，不由得哈哈大笑："大丈夫怎么会害怕打雷呢？"刘备说："圣人都害怕雷，我怎么可能不怕呢？"在刘备的掩饰下，曹操最终相信刘备是个庸俗之人，根本不足为惧。正因为如此，刘备才有机会韬光养晦，最终与曹操、孙权三分天下。

自古以来，刘备堪称韬光养晦的典范。为了活命，他收敛自己争夺天下的野心，在曹操面前俯首称臣，绝不把自己算入"英雄"的行列。他亲自去菜园里种菜，这样才能在曹操的眼皮子底下活命，从而为日后的东山再起作好准备。假如刘备不采取这样的策略，而是在曹操面前毫不掩饰自己的野心，那么他无异于以卵击石、自寻死路，也就不会有后来的三足鼎立的天下格局。

遗憾的是，现实生活中的很多人与刘备恰恰相反，他们自视甚高、自以为是，不管做什么事情都表现出咄咄逼人的气势，根本不愿意进行丝毫让步。如果说聪明人只把自己的十分才华和能力表现出八分，他们则是表现出十二分。他们看似意气风发，却因为锋芒太露，以致受到挫折和失败的打击。因此，朋友们，我们当然可以有远大的理想和志向，但是在时机不够成熟时，我们也应该采取韬光养晦的策略，给自己更多的时间养精蓄锐。这样，我们才能更加掌握人际相处的艺术，从而真正做到收敛锋芒，低调做人、高调做事。

只要坚持梦想，慢一点完成也会成功

生活中，我们每个人都有梦，自打孩提时代起，我们就在编织着属于自己的梦。梦想，就像我们人生的航标、黑暗中指引我们前进的明灯，但追求梦想的过程是艰辛的，有的人甚至是用一生来完成一个梦，但无论如何，只要坚持梦想，不轻易放弃，即便是慢吞吞的蜗牛也能成功。所以，任何一个还在追梦路上的人，都别担心，只要你有梦想，慢一点完成也会成功。伟大的发明家爱迪生就是一个从不言败的人。

爱迪生曾经长时间专注于一项发明。对此，一位记者不解地问：“爱迪生先生，到目前为止，你已经失败了一万次了，您是怎么想的？”

爱迪生回答说：“年轻人，我不得不更正一下你的观点，我并不是失败了一万次，而是发现了一万种行不通的方法。”

在发明电灯时，他尝试了一万四千次种方法，尽管这些方法一直行不通，但他没有放弃，而是一直做下去，直到发现了一种可行的方法为止。他证实了大射手与小射手之间的唯一差别：大射手只是一位继续射击的小射手。

的确，当今社会是一个快节奏的社会，凡事讲究效率，在城市的高楼大厦中，人们都希望在最快的时间内取得事业的成功；然而，任何目标的完成都不是一蹴而就的，更别说梦想的实现，它更需要我们付出努力、做到坚持。做到干一行、爱一行，才能在该领域内取得成就。

小李是个很勤奋的小伙子，在获得企业管理的硕士学位后，就开始在一家国际性的生物科技公司工作。因为学历背景好，他刚进公司，就被安排在了管理层的职位上，这当然会让很多人不满意，尤其是那些和他年纪相当的小伙子，因为他们还在基层摸打滚爬。为了服众，小李请求也从基层做起，这令上司很欣赏。

然而，小李并不聪明，甚至是笨拙的，在很多业务问题上，他总是做得很慢。小李的迟钝是明显的，为此，他的上司也开始为他着急：“抓紧点，小李，动作快一些！”

然而，小李似乎还是那么慢条斯理，永远都不着急。看到小李蜗牛般的速度，人们开始不满，并用各种语言嘲笑他：

“如果小李去当快递员的话，那么，我们永远别指望收到东西了。”

即使他们这样说，小李也没有生气，也没有说任何话，而是继续按照自己的进度工作、学习。

不知不觉间，小李来公司已经半年了。此时，公司决定举行一场专业知识和业务能力考试，而第一名将会被选拔为公司储备干部。

令大家奇怪的是，平时少言寡语、工作速度缓慢的小李竟一举夺得了第一名，此时，他们才明白，坚持做事才是成功的硬道理。

故事中的小李是个争气的职场新人，他做事慢条斯理、不缓不慢，好像一只慢吞吞的蜗牛，他看似愚笨，甚至被对手嘲笑，但他专心做自己的事，最终，他用行动证明了自己才是最优秀的，这是一种值得每个渴望成功的人学习的精神。

然而，现实生活中，我们发现，有这样一些人——他们似乎总是心浮气躁，他们有太多的空想，他们要么同时对很多事都感兴趣，要么当手头事出现阻碍时就转移目标。但是，任何目标的实现，不仅需要耐心地等待，而且必须坚持不懈地奋斗和百折不挠地拼搏。切实可行的目标一旦确立，就必须迅速付诸实施，并且不可发生丝毫动摇。

为此，我们需要明白一个道理：慢吞吞的蜗牛也能取得成功，切忌心浮气躁，不要有太多的空想，而要专注于眼前的工作。在生活中的多数情况下，对枯燥乏味工作的忍受和坚持，应被视为最有益于人身心健康的原则，为人们所乐意接受。阿雷·谢富尔指出："在生活中，唯有精神和肉体的劳动才能结出丰硕的果实。奋斗，奋斗，再奋斗，这就是生活，唯有如此，才能实现自身的价值。我可以自豪地说，还没有什么东西曾使我丧失信心和勇气。一般说来，一个人如果具有强健的体魄和高尚的目标，那么他一定能实现自己的心愿。"

通常来讲，越是有所追求、越是想干点事的人，可能遇到的烦恼和痛苦就会越多，凡事达观一点、看开一点，相信自己，终会心想事成。所以，对于你所追求的目标，不妨多给自己一段时间，慢慢来，你最终也会收获颇丰！

人生低谷时，趁机积累实力

俗话说："高处不胜寒。"对于许多人来说，似乎在低处才能更好地"休养生息"。在生活中，有的人见不得自己吃亏，一旦受到不公平的待遇，内心的怨气就一阵一阵往上冲，与别人争个你死我活，或贪图一时口头之快，发泄内心的愤怒情绪。从某种程度上说，他似乎是站立在高处，但是，实际上他已经失去了“休养生息”的机会。而且，生气只会伤了他的“元气”，影响他的正常状态，在这一个方面的疏忽，有可能会令他错失成功的机会。在民间流传着这样一句话：“好汉不吃眼前亏。”虽然，在很多时候，好汉是需要骨气的，应该站立在高处，但是，在现实生活中，一旦遇到了人生的低谷、遭遇残酷的现实，即使心中立志如何高远，如果连最基本的生活保障都成问题，又怎么往高处走呢？

2005年胡润百万富豪榜中，严介和以125亿元的资产位列中国大陆大富豪第二。在感叹他的成功时，人们很少注意到，在他发迹之前，他也曾处于人生的最低谷。

1992年，严介和租赁了一家濒临破产的建筑公司。当时，公司接洽的第一个任务，居然是一个被承包商转包五次的建筑工程。严介和对那个业务进行了预测，当即傻眼了——如果自己接下了这个工程，至少得亏损五万元，这完全是一个没人敢接的工程，所以才落入自己的手中。是接还是不接呢？他陷入了沉思。现在自己一点名气都没有，若是与对方理论，不仅丢了业务，而且，自己很难获得成功。更何况自己没有后台，也没有任何关系，而建筑业又是一个有着错综复杂关系的圈子，似乎自己只能得到这样的业务。既然如此，不如将这笔业务做好，保存自己的实力，算是恢复“元气”吧。

于是，再三思量后，严介和决定接下这个业务，即使亏损也无所谓。当工程完成之后，验收部门不相信这样的亏本工程会有好的质量。但检测结果令人瞠目结舌——所有指标个个皆优。同行表示不理解："你怎么做亏损生意呢？"他却笑着说："我这算是在'休养生息'阶段吧。"虽然，最后他亏损了8万元，但良好的质量为他赢来了一笔又一笔的业务，后来，他成功了。

印度的孟买学院是世界上最著名的佛学院之一，这个学院历史悠久，有着辉煌的建筑，更关键的是，这里培养出了许多著名的学者。据说，在孟买学院有一个细节是别的佛学院所没有的，那就是在大门的一侧又开了一个仅有一点五米高四十公分宽的大门，所有的人都能轻易地进入，只要能保持稍低的姿态。一些初到学院的人感到十分不解，不过，后来，他们都承认正是这个小小的细节让自己受益无穷。人生的旅途中，有高峰，也有低谷，所有的人都想站立在高峰欣赏风景，但是，若没有低谷，我们如何能够休养生息、保持实力呢？如果你觉得现在的生活处境很糟糕，总是受人排挤，那么，不要感到生气，不要怨天尤人，学会忍气吞声，把这一切权当作休养生息吧！

阿伟大学毕业后，为了锻炼自己的能力、积累社会经验，他选择了业务方面的工作。在公司，他所担任的职位是协助新来的业务经理开展工作。那个业务经理刚来不久，不过，脾气很大，而且，据阿伟观察，他的业务能力似乎很差，几乎都是依靠下面的业务员拿业绩。另外，业务经理心胸狭隘，一点也不尊重人，总是用命令的口吻与下属讲话。有时候，阿伟在工作中不小心出了错，经理也不顾及他的颜面，当众就把阿伟教训一顿。

面对这样的经理，阿伟心里也很窝火，因为自己经常是被训斥的对象。但是，他并没有发作，而是把怨气吞下去，始终赔着笑脸，因为他心里很清楚，摆在他面前的只有两个选择，要么和他大吵一架，然后走人；要么就是忍辱负重，休养生息，等待时机。聪明的他选择了后者。半年以后，公司高层发现了业务经理的问题，通过调查，认为他不适合做业务经理，就找了个理由把他辞退了。而阿伟，因为一直表现不错，被公司任命为业务经理，这下子，阿伟如鱼得水了，很快把业务开展了起来，为公司创造了很大的经济效益，赢得了公司上上下下的尊重。过了几年，阿伟被提拔为主管业务的副总经理，过上了有房有车的生活。每当谈起这一切的时候，阿伟就不无感慨地说："我能有今天，就是因为我当初懂得在低处休养生息啊！而没有意气用事！"

在生活中，我们难免会遇到一些坎坷与挫折，遇到一些不尽如人意的事情，在这个时候，千万不要任由心中的怨气乱窜，或者意气用事，而要以一种忍耐的姿态平复激愤的情绪，以一份从容的心态去面对眼前的境遇，这才是一种审时度势、大智若愚的胸怀。处于最低谷，也不要灰心丧气，只要你没有丧失志向，就一定有东山再起的机会。

智者懂得这样一个道理：在人生的得意之时，欣赏高处的风景；在失意之时，在低处休养生息。有时候，我们要学会弯腰，懂得吃眼前亏，不要为了争执而伤了自己的元气，即使内心有许多无奈，也请勿抱怨，你在低处时，实际上也降低了自己的“门槛”。

1.吃亏是福

凡事以平静心态面对，当你认为自己吃亏的时候，说不定这反倒是一桩一本万利的生意呢！不争执、不抱怨，表面上好像是一种损失，但从长远来看，则是一种智慧。当所有人都在向往“高处”的时候，你选择了休养生息，不仅为自己树立了良好的形象，还会为自己积聚能力。

2.生活需要忍耐

忍耐并不是对命运的屈服，而是对成功的一种铺垫和积累。当我们处于人生最低谷的时候，不要灰心，不要抱怨，就把它当作“休养生息”吧，保存自己的实力，蓄积待发。

第09章

不拘囿于眼前，不迷失于脚下

我们都知道，成功之路并没有那么容易，大部分人都失败了；而那些成功者，都有较强的自制能力，他们眼光长远，不拘囿于眼前的小事，不为眼前的痛苦所累。我们每一个人都要记住一点：我们的人生是自己的，头脑也是自己的，也只有这样，我们才能始终把控自己的人生，而不至于迷失自己。

一味地拜金，你最终会坠入深渊

人生在世，我们都有个共同的愿望，那就是追求幸福、美满的人生。大多数人认为，一个人幸福与否，是和拥有多少金钱相关联的，因为金钱可以买到很多物质类的东西，如吃穿住行都可以通过金钱来改善。诚然，我们每个人都有追求金钱的权利，但一个人如果不控制自己对金钱的欲望，那么，就容易产生拜金心理。所谓拜金心理，顾名思义，就是崇拜金钱，指的是一个人什么事都向“钱”看，喜欢金钱以至于不顾一切、变得盲目，是一种极端。

求知上进、有所追求是一件好事，但若是让欲望占据了内心，便给人生的悲剧拉开了序幕。尼采说，人最终喜爱的是自己的欲望，不是自己想要的东西！能够控制欲望而不被欲望征服的人，无疑是个智者。被欲望控制的人，在失去理智的同时，往往会葬送自己。难道有钱花就是幸福吗？当然不是。钱财是生不带来死不带去的东西，一个人一生中真正需要的物质财富是有限的，一味地拜金，你最终会坠入深渊。

贪字头上一把刀，一旦人的内心被贪欲所吞蚀，那他必将被其毒害……人生如同一条河流，有其源头，有其流程，当然也有其终点，而不管流程有多长、有多短，终究都会到达终点，流入海洋。既然如此，在我们活着的时候，有什么欲望是一定要满足不可的呢？而实际上，我们每天需要的不过上三餐一宿，我们需要的物质财富也不过如此，想通了这一点，我们还会过分追逐那些身外之财吗？

我们先来看下面一个故事：

从前，有两个非常要好的朋友，他们经常一起干活、一起吃饭，人们都说他们情同手足。这天，他们来到房屋附近的一个树林中散步。

突然，从树林深处窜出一个和尚，和尚慌慌张张的，两人便问发生了什么事。谁知，和尚告诉他们，他在种植小树苗时，突然发现了所挖的坑中有一坛子黄金。

两人一听到是黄金，眼睛里顿时生出了异样的光芒，说："这和尚也太愚蠢了吧，挖出了黄金应该高兴才是，怎么吓成这样子，真是太好笑了！"然后，他们问道："你是在哪里发现的，告诉我们吧，我们不害怕。"

和尚说："我看你们还是不要去，这东西会吃人的。"

两个人异口同声地说："我们不怕，你就告诉我们黄金在哪里吧！"

和尚无奈，只好告诉了他们黄金的位置，两人听完后，就赶紧跑进树林深处，果然，在一个刚挖出的坑中，有一坛子黄金。打开坛子，这两人被黄金反射出的光震到了，谁都想将其据为己有。于是，其中一个说“这会儿天还没完全黑下来，要是把黄金拿回去太不安全了，还是等天黑。这样吧，现在我留在这里看着，你先回去拿点饭菜来，我们在这里吃完饭，等半夜时再把黄金运回去！”

于是，另一个人便按照他的朋友说的回去取饭菜去了。留下的这个人打的主意是：你若回来，我就将你一棒子打死，然后这些黄金就都归我了。而回去取饭菜的那个人则是这样打算的——我回去先吃饭，然后在他的饭里下些毒药。他一死，黄金不就都归我了吗？

于是，接下来的一幕发生了：回去的人提着饭菜刚到树林里，就被另一个人从背后用木棒狠狠地打了一下，当场毙命了。然后，那个人看到朋友带来的饭菜，已经饥肠辘辘的他赶紧吃起来，谁知道，吃了几口，就发现肚子很疼，这才知道自己中毒了。临死前，他想起了僧人的话：“和尚的话真是应验了，我当初怎么就没有明白呢？”

这个故事警醒世人，对于钱财的贪念会把人带向罪恶的深渊，让人失去理智。它可以使人相互摧残，甚至使最好的朋友反目成仇。当生命不复存在的情况下，巨额的财富又有何用呢？

的确，我们每个人都渴望自己成功、拥有更多的财富。可当这一切都实现的时候，你真的快乐了吗？微创（中国）董事长兼CEO唐骏曾对成功标准、幸福指数等内容进行了阐述。唐骏表示，如果把所有的人生目标都放在财富上面，纯粹是为了“金钱”两个字，这样的人生并不精彩。唐骏认为，并不是财富拥有得多，幸福指数就变高，财富不等于快乐。那么，什么是成功？你拥有了财富、拥有了地位、拥有了大家的尊重，算不算成功？这当然是成功的一些标志，但如果你还想做一个快乐的人，你就必须懂得的舍得的智慧，看淡财富，甚至需要舍得金钱，这样你才会真正获得快乐。

事实上，“家有黄金万两，每日不过三顿；纵有大厦千座，每晚只占一间”。我们每个人对于物质财富的需要都是一定的，如果我们能看轻金钱，那么，我们就能放下很多苦恼，而最为重要的是，在学会自控之后，我们的人生境界必定得到提高，人生必甚畅意。

生活中，绝大多数人为了生存而拼命的工作，只为养家糊口。而有些人却能轻易地或者不择手段地得到所谓的幸福——钱财，这样的幸福，实在令人不敢苟同。比如，有的贪官聚敛钱财，不择手段，腰包愈来愈鼓，胆子愈来愈大。这种人觉得钞票越多越幸福，乃至幸福得已经麻木了。直到走上被告席，才知道拿自己的生命和前途换来的幸福一文不值，却已然悔之晚矣。

君子爱财应该是取之有道，用之有度。因此，千万不要为了几个小钱而去偷盗，千万别为了积累财富而伤天害理。

总之，一个人的人生坐标定在什么位置，他就有什么样的幸福。最大的幸福莫过于好好活着，珍惜今天，珍惜当下。人生在世，会经历许多事情，坎坎坷坷，酸甜苦辣，人皆有之。一帆风顺，只是祝福语，只是一种愿望。其实，幸福就在我们身边，是要我们去寻找和创造的。遵守法律和道德带来的幸福感，我们要好好珍惜；反之，离得越远越好。

多看一步，不要被眼前小事影响

在生活中，我们常听老人说："做事之前就要想到后面四步。"其实，向前每走一步，我们都需要相应对的方法，如果不能看得那么远，至少我们需要看见下一步。这就是一种远见。的确，我们做事情，不仅需要稳当、周全，而且，不能急于求成，更不能被眼前的小事所累。在时机未成熟之前，我们一定要把持住自己。一个成大事的人，眼光总是比身边的人看得稍远一点。著名的美孚公司曾做了一次赔本买卖，可是，从最后的结果来看，它虽然放弃了眼前的利益，却收获了长远的发展机会，小利变大利、利滚利、利翻利，先前看似赔本的买卖，最终却带来了高额的利润。这是一种商业中的计谋，也是每一个人需要的智慧。有时候，我们之所以需要学会自控，不要被眼前小事影响，其实是为了以后更长远地发展。

我们先来看下面一个故事：

春秋时期，有一次，宋、齐、晋、卫等十二国联合出兵攻打郑国。郑国国君慌了，急忙向十二国中最大的晋国求和。晋国同意后，其余十一国也就停止了进攻。郑国为了表示感谢，给晋国送去了大批礼物，其中有著名乐师三人、配齐甲兵的成套兵车共一百辆、歌女十六人，还有许多钟磬之类的乐器。

晋国的国君晋悼公见了这么多的礼物，非常高兴，将八个歌女分赠给他的功臣魏绛，说："你这几年为我出谋划策，事情办得都很顺利，我们好比奏乐一样和谐合拍，真是太好了。现在让咱俩一同来享受吧！"可是，魏绛谢绝了晋悼公的分赠，并且劝告晋悼公说："咱们国家的事情之所以办得顺利，首先应归功于您的才能，其次是靠同僚们齐心协力，我个人有什么贡献可言呢？但愿您在享受安乐的同时，能想到国家还有许多事情要办。古人云，'居安思危，思则有备，有备无患。'现谨以此话规劝主公！"

魏绛这番既有远见卓识而又语重心长的话，使晋悼公听了很受感动，高兴地接受了魏绛的意见，从此对他更加敬重。这个故事中，魏绛就是个有远见卓识的人。正是因为他懂得从全局考虑，对晋悼公说了一番忠言，才赢得了晋悼公的敬重。

在现实工作中，小到一个职员，大到一个公司，都需要有长远的打算，如果你只着眼于眼前的小恩小惠，那迟早有一天你将被利益所吞噬，职场生涯同时也宣告结束。其实，即便是工作也不能含糊，它也需要我们的谋算，将自己的眼光放得更长一些，不为眼前的小事所累，把持住自己，这样我们的职场之路才会走得更远。

某食品公司因为人员调动，原销售部门的经理离职了，这一职位也就暂时空缺了下来，虽然整个部门有能力的人很多，但被总经理提名的只有两个候选人。在周一的例行公会上，总经理公布了他们的名字，并且要求他们各自在一个星期内拿出自己的市场推广方案，谁的方案最优秀就由谁来担任部门经理。小李、小张同时被列为了候选人，两人平时还是好朋友，所以，这样一场竞争非常有意思，公司各部门员工都对此议论纷纷。有人说小李绝对能胜任，因为他善于笼络人心；有人说小张绝对能任职，因为业绩比较突出。同时，有一个消息在办公室里炸开了锅——原来，小李是经理夫人的亲弟弟。这可不得了，失败者似乎注定了就是小张。

小张分析了其中的利害关系，心想：小李有了关系这一层，看来自己终究是失败，不过，有什么要紧呢？如果自己真的失败了，表现得大度一些，努力配合小李的工作，给人留下好的印象，日后定会有高升的机会。他就这样一边这样想着，一边准备市场推广案。很快，一个星期就过去了，两人同时把方案交到了办公室。总经理在大会上宣布了结果，懂得笼络人心的小李胜出了。小张知道自己已经失败了，心情变得十分坦然，鼓掌表示庆祝，似乎一点也不在意。

小李上任了，开始了管理工作。小张还是积极地跑市场，协助小李的工作，下班后，他与小李还是好朋友。公司里人的都说，“小张这人真好，升职机会被好朋友抢了也不说什么”“就是啊，而且，工作比以前更积极，这样踏实能干、谦虚的小伙子上哪去找啊”。三个月后，小张在朋友小李的推荐下，因业绩突出被提升为部门助理。

本来，同事小李有好的关系，这对于处于公平竞争上的两个人而言似乎并不公平，小张大可以因不服气而找上司闹，或者在小李胜出后故意与之作对。但是，聪明的小张很清楚眼前的人和事，自己要想有所作为，就必须将不服埋在心里，努力配合小李的工作，在公司博得一个好名声，这样，自己能力有了，也没得罪什么人，那高升的机会肯定会有。在这样斟酌之后，小张才将想法投入实际行动，最后，自己的目的也达到了。

然而，现实生活中，有些人鼠目寸光，吃不得眼前亏，心胸狭隘，容不得一点损失，最终，他们难以成就大事。

当然，要做到从全局思考问题，你一定要在日常的生活和学习中多汲取外界信息，这样方可开阔眼界、启发思路，作出具有远见卓识的决策。在当今知识、信息大爆炸的时代，信息已成为最重要的战略资源，它可以被提炼成知识和智慧，因而在战略问题的研究中越来越具有突出作用。

可见，对于我们来说，在做每一件事情时都需要有长远的眼光，不计较眼前的小事，而是关注于长远的发展，从而达到舍小利而保大局的目的。

急功近利者，无法获得内心的平静

现代社会，“功利”已经成为赫然刻在人们脑门上的两个字，几乎每个人都在为了功利而忙碌着。和几十年前人们的淳朴相比，现代的人们更加直截了当，甚至在争夺功名利禄的时候连脸都不带红的。为什么人们变得赤裸裸呢，曾经的单纯和羞涩去哪里了呢？究其原因，就是因为时代的发展使得人们越来越急功近利。为了能够争得名利权势，人们再也不愿意掩饰自己，而是任由欲望肆意发展。

然而，一切的功名利禄，在人生之中，只能为你锦上添花，从来不能给你雪中送炭。举个最简单的例子，当你落难时，曾经为了巴结你的权势而围绕在你身边的人们，能与你同甘苦、共患难吗？当然不能。只有那些真正关心你、爱你的亲人和朋友，才会给你雪中送炭，对你不离不弃。在诸多感情中，尤其是爱情，更是掺不得一丝假。这是因为爱情是这个世界上没有血缘关系却又至亲至深的感情。如果说亲情还有血缘作为维系，那么，爱情一旦变得不再纯粹，就会马上变味，甚至没有其他因素能够起到维持的作用。因而，年轻人即便一心一意地想要出人头地，想要功成名就，也要牢记：永远不要拿爱情作为赌注，否则必定输得很惨。

每个人都在追求幸福，然而，我们从那些急功近利的人生之中，很难寻得幸福的踪迹。大多数真正感受到幸福的人，都是面色平静、内心祥和的。他们坦然面对生活的得失，从不为了利益而背叛感情。他们，真正获得了生活的馈赠。

有一次，孟子去拜见梁惠王。梁惠王问孟子："先生，您从那么远的地方赶来，肯定是有什么高见告诉我吧，这高见必然对国家有利吧？"孟子摇摇头，淡然地说："君主，您只要得到仁义就可，无须时刻把利挂在心上。假如您只记得问我怎样对国家有利，官员只记得问我怎样对家庭有利，百姓只记得问我怎样对个人有利，那么全国上下的每个人都会为了利益而不停地争夺，导致整个国家都陷入危机之中。如果一个国家拥有一千辆车，那么也许会有一百辆车的主人想要杀死君主。如果一个国家拥有一万辆车，那么也许会有一千辆车的主人想要杀死君主。这个比例不可谓不大。只有重仁义，他们才能控制自己的欲望，不忤逆君主的威严，不企图夺得君主的权利和地位。假如一个人缺乏仁义，也许会狠心地抛弃自己年迈的父母。由此可见，对于国泰民安，仁义是多么重要啊！所以，君主只需要谈仁义，而不要把利挂在心上和嘴边。”

在孟子给予梁惠王的忠告中，我们不难看出仁义才是治国之本，才是理家之本，才是一切立足的根本。如果一个国家没有仁义，必然导致国家动荡不安。如果一个家庭没有仁义，必然导致家庭支离破碎；如果一个人没有仁义，就会陷入欲望的深渊，导致自己再也不可能成为堂堂正正的人。可以说，缺乏仁义的人不但会给他人带来严重的危机，也会使自己陷入悲伤和绝望之中，再无幸福可言。首先，被欲望驱使的人是不会得到幸福的，其次，陷害他人导致自己良心不安的人，也是不会得到幸福的。唯有更加努力地改变自己，成为自己的主宰，成为顶天立地、光明正大的人，才能感受到幸福的滋味。

米林大学毕业后，很想留校。在大四那年，他的导师越来越赏识他，还把自己的侄女推荐给米林当女朋友。米林很犹豫，因为他其实是有女朋友的，就是他的初中同学，如今已经师范专科毕业的乔乔。为此，米林考虑了很久。当想到乔乔自从走上工作岗位后总是辛苦地积攒工资，给他贴补生活费用，给他买昂贵的衣服时，他觉得很对不起乔乔。然而，他也深深地意识到这是一个千载难逢的好机会。否则，仅凭他的家庭，根本不可能为他争取到留校的机会。

思来想去，米林向乔乔提出了分手。他开始与导师的侄女交往，导师因此更加器重米林。不过，这个叫艾薇的女孩，和朴素单纯的乔乔相比，简直有着天壤之别。乔乔不管什么事情都很信任和尊重米林，艾薇呢，因为生长在大城市，又有一个当导师的叔叔，所以根本不把米林放在眼里，总是对米林颐指气使。经过一年多的恋爱，在米林的留校工作确定下来之后，他便与艾薇举行了婚礼。婚房是艾薇家里准备的，作为叔叔的导师还送了一辆家庭用车给他们。按说米林应该生活得很快乐、很知足，因为他似乎一夜之间就拥有了无数漂泊在大城市的人为之奋斗的一切。然而，他很苦闷。结婚之后，艾薇娇生惯养、任性妄为的本性更是暴露无遗。她甚至从来不愿意和米林回家，说那是个脏兮兮的农村。

如此艰难地维持了三年之后，米林终于忍不住提出了分手。但是艾薇不同意，而且搬出父母和叔叔来给米林施加压力。眼看着自己的工作即将更上层楼，而艾薇的叔叔却是他的主管，米林只好妥协了。就这样，他的婚姻成为坟墓，成了他的噩梦。

在这个事例中，米林为了现实环境的诱惑，最终放弃了和他相处多年且对他一心一意的乔乔，转而与导师的侄女开始恋爱。不得不说，这并非真正的爱情使然，而是充斥着急功近利的初衷。假如米林能够改变想法，相信凭着自己的实力也能够创造美好的生活，那么他的人生也许从此变得与众不同。最起码，他能在爱情中自由畅快地呼吸，能够在为事业拼搏的同时，有尊重他、理解他和爱他的妻子。不得不说，米林现在的人生看似拥有了很多，实际上都是空洞，是虚无，是表面上的工程。生活中的酸甜苦辣，只有自己清楚。而且，米林没有任何退缩的余地，即使婚姻生活变成囚牢，他也因为一颗急功近利的心，无法坦然面对得而复失的一切。

米林固然让人同情，但也让人憎恨。在这个社会上，我们可以出卖一切，唯独不能出卖自己的心。心，是不会骗我们的。尤其是爱情，更是掺不得任何假。我们唯有尊重自己的感情，选择真正与我们倾心相爱的人，才能在漫漫红尘中与其携手度过一切的艰难坎坷，始终不离不弃。这，就是幸福的滋味。

改变思路，重新选择一条路走下去

很多时候，我们会被人生中的挫折困住，导致人生无法突破，不得不困守死角。其实，并不是人生的困境局限住我们，而是因为我们的思路受到局限，所以故步自封。古人云，尽信书不如无书，同样的道理，如果一味地相信规则，那么还不如没有规则。归根结底，我们的人生必须学会变通，才能随机应变，最大限度地让人生变得灵活机智。现实生活中，很多朋友都有属于自己的梦想和人生目标，也知道为了实现梦想和人生目标必须坚持不懈地努力。但是实际上，我们越想实现梦想和人生目标，就越应该保持一颗灵活机智的心。要知道，事情总是瞬息万变的，哪怕是对于我们提前规划好的很多事情，我们也必须更加努力，才能圆满完成。然而，人生不如意十之八九，当我们的努力无法达到预期的目的时，我们也可以适当改变思路、转换方式，也许效果反而更好。

记得曾经有个故事，告诉人们在四合院里不能种树，因为四合院里种树就会变成“困”字。很多讲究这方面的朋友也会说，四合院里不能只住着一个人，因为四合院里只住着一个人就变成了“囚”字，会导致我们的人生被局限。实际上，不管是“困”还是“囚”，我们的人生都不会被客观外界禁锢住。真正禁锢我们人生的，是我们的内心，我们自己无法突破思想的囚牢，所以才会寸步难行。我们唯有破除思想的墙，打破内心的囚牢，才能真正释放自己，从而让我们的人生更加从容坦荡。

很多时候，我们为了达成预期的目的费尽心机。殊不知，如果一条路走到黑，只想着目标而不知变通，往往一事无成。我们唯有最大限度发挥自身的力量，然后尽人力，竭尽所能地变通，才能避开固执己见的人生，让自己的人生豁然开朗。正如西方国家的人们常说的，条条大路通罗马。人生是没有死胡同的，任何时候，只要我们愿意重新选择一条路走下去，我们就总是能够战胜人生的困境，从而掀开人生的新篇章。

十九世纪五十年代，很多美国人都涌到西部去，扎堆淘金。当时，利维只有二十岁，但是他也梦想着发财，因而他也加入淘金大潮中，奔向美国西部。等到他孤身一人来到旧金山后，不由得被那里的人山人海震惊了。看着那些继续蜂拥而至的淘金者，他在经过深思熟虑之后，决定不加入淘金的队伍，不与那些人抢着淘金，而是要独辟蹊径，重新寻找发财的路子。经过一段时间的观察，他发现那些淘金者购买日用品很难，而且急需购买帐篷等野外宿营的工具。因而，他当即决定开一家日用商店，而且专门开辟出一块地方销售露营用品和野外生存必备的工具等。果然，利维的日用商店一经开业，就生意火爆。

有一次，利维发现有很多淘金工人的裤子都穿坏了，他突发奇想，为何不用帆布制作裤子，从而延长裤子的穿着寿命呢！他想到之后，马上就进了一大批结实耐磨的帆布，并且让裁缝赶制出一批裤子。果然，这些裤子受到淘金工人的追捧，后来成为风靡全球的牛仔裤的雏形。最终，利维·施劳伦斯不但通过为这些淘金工人服务赚取了人生的第一桶金，而且成为举世闻名的牛仔服大王，拥有了属于自己的服装品牌。

当所有人的眼光都集中在淘金上时，利维并没有走那条寻常路。一则是因为淘金的人实在太多，这也就注定了机会被稀释，获得收获的可能性很小。二则是，一件事情，当很多人蜂拥而至时，往往意味着这件事情已经不会有好的结果了。因此，利维改变思路，想到可以为这些蜂拥而至的淘金者服务，销售他们需要的日用品和露宿的帐篷等淘金必需品。这样一来，他自然生意火爆。后来，细心的他还针对淘金工人裤子容易穿坏的特点，研发出粗糙耐磨的帆布裤子。他的帆布裤子不但受到淘金工人的追捧，也帮助他成就了自己。由此可见，很多时候，我们与其和他人扎堆，不如改变思路，另辟蹊径，也许会有意外的惊喜。

成功固然需要坚持，但这并不是要我们一味地死守。任何时候，我们都要保持灵活的思维和变通的思路，及时调整我们的方式方法，从而更好地解决问题，也为我们的人生寻找到更多的出路。

眼光长远，不怕吃苦的人才会有所成就

生活中的任何人，都有自己的梦想，都希望成功，成功是人们追求的永恒目标，但无论你选择什么目标，你都要有勇气，要勇往直前，在这条路上，你不但要拥有坚韧和耐心，还要做到放眼未来，坚定必胜的信念。若你能做到即便再苦、再累也勇敢地与困难拼搏，那么，你就一定能有所成就。人们常说，成大事者，必有坚忍不拔之志，胜利只属于坚持到最后的人。成功的人之所以能够成功，就是因为他们有坚忍不拔的毅力，能看到困境中的希望，并把失败化作无形的动力，最终反败为胜。

我们不能否认一个事实，即很多人都经历过种种苦难，遭受过种种挫折和打击。这的确是人生的不幸。可是，人们也惊奇地发现，无数杰出的成功者都是从苦难中走出来的，正是苦难成就了他们，苦难对于他们来说，是上天的一种恩赐。

罗纳德·里根生在一个极其普通的家庭，全家四口人只靠父亲一人当售货员的工资维持生活。生活的艰辛磨炼了里根的意志，也使他产生了要出人头地的强烈愿望。

里根大学毕业后，想试着在电台找份工作，然而，每次都碰了一鼻子灰。最后，里根驾车行驶了70英里来到了特莱城，试了试爱荷华州达文波特的电台。电台主任让里根站在一架麦克风前，凭想象播一场比赛。由于里根的出色表现，他被录用了。

在回家的路上，里根想到了母亲的话："如果你坚持下去，总有一天你会交上好运。"

也许在一些人看来，吃苦受累是失败的表现，诚然，经历苦难是一种痛苦，因为苦难常常会使人走投无路、寸步难行，苦难常常会使人失去生活的乐趣甚至生存的希望。然而，目标远大的人，总能看到苦难背后的力量，他们深知吃苦是人生一种重要的体验和千金难买的财富。

拿破仑幼时的生活十分清苦。他的父亲是出身科西嘉的贵族，后来家道中落，一贫如洗，但他仍多方筹措费用，把拿破仑送到柏林市的一所贵族学校去求学。拿破仑破衣蔽履，常受那些贵族子弟的欺负和嘲笑。

就这样，拿破仑忍受着那些同学的嘲讽，继续求学，直到毕业为止。在这段时间里，他受尽了同学们的各种欺负凌辱，但每受到一次欺负和凌辱，他的志气就增长一分，他决心要把最后的胜利拿给他们看。

他心里暗自计划，决定好好痛下苦功、充实自己，使自己将来能够获得远在那些纨绔子弟之上的权势、财富和荣誉。因此，当同伴们利用闲暇时间自娱时，他则独自苦干，把全部精神都放在书本上，希望用知识和他们一争高下。

拿破仑读书有着明确的目的，他专门寻求那些能使他有所成就的书来读。他在孤寂、闷热、严寒中，从不间断地苦学了好几年，单单从各种书籍中摘录下来的文摘，就可印成一个四千多页的巨书了。此外，他把自己当成正在前线指挥作战的总司令，把科西嘉当作双方血战的必争之地，画了一张当地最详细的地图，用极精确的数学方法，计算出各处的距离远近，并标明某地应该怎样防守、某地应该怎样进攻。这种练习，使他的军事才能大大进步。

拿破仑的上级见识了他的才学之后，就将他升任为军事教官。从此，他便逐渐飞黄腾达起来，直到获得全国最高的权势。

拿破仑的成功向人们证明了一点：艰难困苦中是否能崛起，关键在于你的毅力，压力也会让人产生巨大的潜在力量，所以你要学会挑战自己、淘汰自己，让自己面对困难和挑战，这是你前进的动力。

不怕吃苦的人才会有所成就。在你的人生路上，也许会沼泽遍布、荆棘丛生，也许会山重水复，也许会步履蹒跚，也许，你们需要在黑暗中摸索很长时间，才能找寻到光明……但这些都算不了什么，只要我们能把握自己该干什么，那么就应该勇敢地去敲那一扇扇机会之门。

很多人之所以不能迈出人生的关键一步，就是因为每当他感到压力的时候，他就会一蹶不振，很难把失败当作不断前进的新动力。任何想要成功的人，首先要学会的就是要放眼未来，做到坚韧不拔，只有能够超越失败，成功才会与他越来越近。

第10章

最好的未来，往往要经过最漫长的等待

在人生旅途中，在追求梦想的道路上，我们发现，很多人看起来总是充满焦虑，总是担忧为何梦想还不实现。实际上，这只不过是急功近利，我们谁也无法预料到明天，我们所能掌控的只有当下。并且，在人生目标的实现中，一个人只有内心平静、努力充实自己，等待时机、不骄不躁，他的日子才会过得悠然自得、从容不迫；不去羡慕别人，他才会找到自己的生活，完成他自己的事业。

有条不紊，在等待中积累实力

我们都知道，将任何有意义的事情做好，是成功的第一步。因为你比别人多付出，你在实际工作中也比别人想得更周到。成就绝非朝夕之功，凡事必须从小做起，只要有意义。我们需要记住的是：你不会一步登天，但你可以逐渐达到目标，一步又一步，一天又一天。别以为自己的步伐太小，无足轻重，重要的是每一步都踏得稳。所以，成功绝不是偶然的，成功者都是善于等待的，他们懂得在等待中积累实力，在等待中找寻机遇，所以最后他们能一举成功。

几乎每一个人都渴望成功的降临，但事实上很少有人能预期获得成功。有的人盲目行事，心中有了什么好的想法就马上开始实施，不忍耐，不等待，也不经过仔细思考，最终面临惨烈的失败。其实，要想获得成功，就必须有周详的谋划，精心筹备，经过一番斟酌、经过一段时间的准备之后再行动，一旦决定了就雷厉风行，这样才更容易获得成功。

成功需要多种因素，除了自身的条件之外，最重要的就是善于等待，进行周密的策划。这样的“谋定”组成了人生这个大棋盘，只要摆好了棋子，步步为营，就能“运筹帷幄之中，决胜千里之外”。

现实世界中，在我们生活工作、追求梦想与目标的过程中，确实存在很多影响我们心绪的因素，我们如果做不到有条不紊地工作，就很容易被干扰。

20世纪80年代，美国有一家著名的机械制造公司叫维斯卡亚公司，这家公司生产的产品远销全世界，因此，它实力雄厚，并代表着当时重型机械制造业的最高水平。大公司门槛高这句话是有道理的，很多毕业生都来这家公司求职，但都被无情地拒绝，因为该公司的高技术人员爆满，不再需要各种高技术人才。但丰厚的待遇和令人羡慕的社会地位还是让很多人削尖了脑袋前来求职。

这群求职者里有个叫史蒂芬的人，他是哈佛大学机械制造业的高材生，和许多人的命运一样——在该公司每年一次的用人测试会上被拒绝。史蒂芬并没有死心，他发誓一定要进入维斯卡亚重型机械制造公司。于是，他决定先“混”进去这家公司再说。他先找到公司人事部负责人，提出可以无偿为这家公司提供劳动力，只要能让他在这家公司，哪怕不计报酬，并且，他一定完成公司安排给他的任何工作。这位负责人，起初觉得这简直不可思议，但考虑到不用任何花费，在利益的引诱下，这位负责人便答应了，并安排他去车间扫废铁屑。

这份工作是没有报酬的，史蒂芬还得养活自己，于是，一年的时间里，他白天在这家公司勤勤恳恳地工作，晚上还得去酒吧打工。

令史蒂芬失望的是，虽然他得到了所有同事和负责人的认同和好感，但公司并没有提及正式录用他的事。但机会很快来了。那是20世纪90年代初，公司的许多订单纷纷被退回，理由均是产品质量问题，为此公司蒙受了巨大的损失。公司董事会为了挽救颓势，紧急召开会议商议对策。当会议进行了很长时间却未见眉目时，史蒂芬果断地闯入会议室，提出要见总经理。

在会上，史蒂芬慷慨陈词，对公司出现这一问题的原因作了令人信服的解释，并且就工程技术上的问题提出了自己的看法，随后拿出了自己对产品的改造设计图。这个设计非常先进，恰到好处地保留了原来机械的优点，同时克服了已出现的弊病。总经理及董事会的董事见到这个编外清洁工如此精明在行，便询问了他的背景以及现状，而后，史蒂芬被聘为公司负责生产技术问题的副总经理。

原来，史蒂芬选择了退而求其次的办法，当他被拒绝后，他想方设法留在这家公司，是为了更彻底地了解这家公司。于是，他在做清扫工时，利用清扫工到处走动的特点，细心察看了整个公司各部门的生产情况，并一一作了详细记录，发现了所存在的技术性问题并想出了解决的办法。为此，他花了近一年的时间搞设计，获得了大量的统计数据，从而为会上的出色表现奠定了基础。

史蒂芬为什么能一举成功，让公司高层领导对其能力加以肯定并由一名小小的清洁工成功晋升为副总经理？原因很简单，他懂得厚积薄发，伺机而动，他做了充分的准备工作，在该公司最需要自己的时候及时出现，以自己过硬的专业知识帮其解决了这项技术问题。我们可以想象，假如他空有为公司担当的勇气而没有一个完备的表现自己的计划、没有过硬的实力，那恐怕这种表现只会适得其反。

世事如棋，谋定而后动。当我们决定要开始一件事情的时候，谁也猜想不到最后的结果。但是，如果我们能静下心来，从长计议，在等待中找寻事情的各个因素，并作出分析，进行精心细致的谋划，就一定能预测最后的结果。凡事都应该“三思而后行，谋定而后动”，方能成就大事。如果你仅仅是看见了一片叶子，就想获得整座森林，在没有任何计划之下就开始盲目前行，那只会让自己面临失败的下场。

所以，无论做什么事，如果要想成功，我们都要懂得等待，都要等待最佳的时机，这是一种人生的大智慧，舍弃盲目的行为，凡事思虑周详，蓄势待发，你会发现成功有不一样的风采。

再等一下，风雨之后就是彩虹

易卜生：“不因幸运而故步自封，不因厄运而一蹶不振。真正的强者，善于从顺境中找到阴影，从逆境中找到光亮，时时校准自己前进的方向。”挫折与失败最能考验人的意志，也最容易让一些人胆怯、恐慌、生气和抑郁。其实，每个成功者都曾经历过失败，只是，他们用自信心和坚强的意志战胜了挫折，迎来了成功。可以说，成功者大都是经历失败最多、受挫最重的人，他们在不能坚持的时候，选择了再等一下、再等一下，最终迎来了风雨之后的彩虹。

从前，有一位老婆婆在屋子后面种了一大片玉米，长势喜人。很快秋天到了，到了玉米丰收的季节，地里一片金黄，颗颗饱满的玉米棒彼此拥挤着，都希望自己能被主人相中。其中，一个颗粒饱满的玉米说道：“收获那天，老婆婆肯定先摘我，因为我是今年长得最好的玉米！”

但是，到了收获那一天，这个颗粒饱满的玉米等了很久，老婆婆并没有把它摘走。不过，这个玉米并没有失望，它自我安慰：“明天，明天她一定会把我摘走！”第二天，老婆婆又收走了其它一些玉米，但依然没有摘走这个玉米。

乐观的玉米难掩失望的表情，不过它勉强安慰自己：“明天，老婆婆一定会把我摘走！”但是，从此以后，老婆婆再也没有来过。直到有一天，玉米真的绝望了，原来那饱满的颗粒变得干瘪坚硬。

没有想到的是，就在这时，老婆婆来了，她一边摘下这个玉米，一边说："这可是今年最好的玉米，用它作种子，明年肯定能种出更棒的玉米！"干瘪的玉米笑了，它终于等到了希望，明年，自己将儿女成群。

或许，你一直都很自信，不过接连的失败和挫折难免让你泄气、信心动摇，甚至自暴自弃。不过，即便是在这样的境地，你也要自己给自己加油，或许，再坚持一下，成功就会来了。

年轻人，你是否有耐心在绝望时再等一下，哪怕再等一下！偶尔的困难与挫折是不可避免的，任何的抱怨与难过都毫无用处。所以，年轻人需要做的，就是乐观地坚持自己的生活，当别人都放弃的时候，依然坚持不懈，直到成功的那一天。

面对同样的一件事情，不能坚守，不会选择，不懂思考，便不会有所成就。很多人在本该放手一搏的时候，却犹豫彷徨，不愿意再试一下，不想再付出看似多余的努力，而贸然地选择一条看似明智的路，最终的结果只能是在一再地变换自己的目的地，就连上帝也被他们弄得晕头转向，不知道该把金子放在哪里。

爷孙俩一起上山砍树，“山顶的树不仅粗壮，而且夯实，用它们来打家具，非常牢固。”爷爷一边锯树，一边解释道。

“同样一种树，为什么山顶的粗壮，山脚下的细小呢？”孙子打破砂锅问到底。

爷爷停下手中的活，揩了揩额角上的汗珠，不温不火地指了指山北方向，问：“你看，山北边有什么？”孙子顺着爷爷手指的方向看了看，眼前一片空旷，极目远眺，好像是天的尽头，于是摇头回答说：“什么都没有啊！”爷爷很肯定地接过话茬：“有，而且很大，那是从遥远的北方刮来的风和西伯利亚刮来的寒潮。”爷爷一手叉腰，一手远指，犹如一位哲学家。

“这和风与寒潮有什么关系呢？”孙子大惑不解。“当然有关系，常年经历风吹雨打的树木，生命力极强，根系特别发达，那么它从泥土中吸取的养分就充足，因此，长得也特别粗壮。”说着，爷爷转过身指了指山南的山脚，继续说道：“你再看看那些树，背后有大山抵御风和寒潮，很少受自然界侵袭，从树枝到根系都得不到锻炼，长得也就瘦小脆弱。若用它们来打家具，不仅易折易裂，而且易受病虫腐蚀。”

听完爷爷的讲解，孙子恍然大悟，于是，山顶英雄般地立下豪言壮语：“我长大了一定做棵山顶上的大树。”爷爷听后，摸摸他的头，爽朗地笑了。

德迈斯特说：“成功的秘密在于知道怎样等待。”大家知道织锦是怎么做成的吗？是时间和耐心把桑叶变得像云霞般美丽。没有播种就没有收获，年轻人必须耐心地、满怀希望地长时间等待，才可以尝到最甜的果子。

所以，年轻人，在你坚持不住时再坚持一下，在绝望时再坚持一下，希望和成功将会一起到来。

生活本身是由无数个目标组成的，亦是由无数个对目标的等待组成的。不管是成功还是幸福，都不会一下子来临，这期间的等待是必然的。一旦我们煎熬不住、缺乏耐心的时候，成功也会随之而去。年轻人，要想成功，就必须等待，而且要学会等待，善于等待，再坚持一下，再等一下，说不定就有奇迹出现。成功前的等待是煎熬的，忐忑不安，渴望成功，又担心失败，这期间的情绪是复杂的。但是，不管多么煎熬，请对自己说：再等一下！

天才，无非是付出了比常人更多的忍耐

福楼拜说：“天才，无非是长久的忍耐。”我们以为天才就是光鲜亮丽地站在成功的金字塔上，却很少去关注其背后的忍耐和艰辛。生活中那些看似刁难你、折磨你的人，往往能够

令你更快取得成功；看似折磨、煎熬你的环境，却总能历练出最后的强者。因此，在困境中，要懂得忍耐，持续努力下去。对于年轻人来说，当你不愿让命运来主宰你的一切，却又没有扼住命运咽喉的本领时，切记，学会忍耐，注重积累。

谚语云：“万事皆因忙中错，好人半自苦中来。”吃得苦中苦，方为人上人。要成就一件事情，须观察时机，等待因缘，这是急不得的。受苦忍耐是一种承担、一种处理、一种等候，也是对因缘法度的认识。许多事业有成者都在忍耐多次失败后愈挫愈勇，最后取得成功。

内托刚从学校毕业，在一场招聘会上，他很走运地被一家石油公司看中，随即被总公司分配到一个海上油田工作。

工作的第一天，工头便要求他在限定时间内登上几十米高的钻井架，并将一个包装好的漂亮盒子送到最顶层的主管手中。他拿着盒子，迅速登上又高又窄的舷梯。当他气喘吁吁地登上顶层后，只见主管在盒子上签了自己的名字，又让他送回去给工头。他一接到命令，连忙又快速地跑下舷梯，并把盒子交给工头。但是，没想到工头草草签完名字之后又原封不动地交给他，要求他再送回去给顶层的主管。年轻人看了看工头，却又不知道要如何发问，只得乖乖地跑上顶层。然而，主管这回同样只在盒子上签名而已，便又要他送回去。

年轻人就这样来来回回，莫名其妙地上下跑了两次，心里隐约感觉到，这一切似乎是主管与工头在故意刁难他。直到第三次，这个全身都被海水溅湿的年轻人，内心已经充满熊熊怒火，不过他仍然强忍着怒气。当他第三次将盒子送来给主管时，主管这回则说：“把它打开。”年轻人将盒子拆开后，里头居然是一罐咖啡与一罐奶精，这会儿他更可以确定，这是主管与工头联合起来欺负他。他愤怒地看着主管，但是主管仿佛一点也没感觉似的，接着又对他说：“去冲杯咖啡吧！”这个命令一下，年轻人再也忍不住了，他用力把盒子摔到海面上，气愤地说：“我不干了！”说完之后，他感觉痛快许多，因为一肚子的怒火全部发泄出来了！但是，主管失望地摇了摇头，并对他说：“孩子，刚刚这一切，其实是一种训练啊！这叫作承受极限的训练，因为我们每天都在海上作业，随时都可能会遇到危险，所以，工作人员都必须要有极强的承受力，才有法子完成海上的作业与任务。”

主管叹了口气说：“唉！原本你前面三次都通过了，就差那么一点点，你无缘喝到自己冲泡的好咖啡，真是可惜！现在，你可以走了。”

俗话说，忍字头上一把刀。这把刀让你痛，也会让你痛定思痛；这把刀可以磨平你的锐气，也可以雕琢出你的勇气。百忍成钢，当你的心性修炼得有如镜子般明彻、流水般圆韧时；当你切切实实生活在不以物喜、不以己悲的宁静中时；当你发觉胸中不断流动着“虽千万人而吾往矣”般的勇气时，你的刀也就炼成了。忍耐并非懦弱，只因你看得更远，有更大的追求。

年轻人幻想一夕有成，不如在艰难困苦当中忍耐，一旦时机成熟，必然水到渠成。宋人苏轼在《留侯论》中说：“古之所谓豪杰之士者，必有过人之节。人情有所不能忍者，匹夫见辱，拔剑而起，挺身而斗，此不足为勇也。天下有大勇者，卒然临之而不惊，无故加之而不怒，此其有所挟持者甚大，而其志甚远也。”

新东方总裁俞敏洪在他的博客里讲过一个关于捡砖头的故事。俞敏洪的父亲是个木工，常帮别人建房子，每次建完房子，他都会把别人废弃不要的碎砖瓦捡回来，有时候父亲在路上走，看见路边有砖头或石块，他也会捡起来放在篮子里带回家。

时间长了，家里的院子里就多出了一个乱七八糟的砖头碎瓦堆。直到有一天，俞敏洪的父亲在院子一角的小空地上开始左右测量，开沟挖槽，和泥砌墙，用那堆乱砖左拼右凑，建成了一个让全村人都羡慕的院子和猪舍。

当时俞敏洪只觉得父亲一个人就盖了一间房子，很了不起。长大后，俞敏洪才从一块砖头到一堆砖头最后变成一间小房子中体悟到做成一件事情的全部奥秘。

“一块砖没有什么用，一堆砖也没有什么用，如果你心中没有一个造房子的梦想，拥有天下所有的砖头也是一堆废物；但如果只有造房子的梦想，而没有砖头，梦想也没法实现。”家里穷得揭不开锅的时候，要不急不躁，学会忍耐，继续努力，要积攒足够的砖头来造心中的房子。捡砖头的精神，后来成为俞敏洪做事的指导思想。

罗曼·罗兰曾说：“只有把抱怨别人和环境的心情化为上进的力量，才是成功的保证。”经受别人的考验、提升自身的张力，你才会在人头攒动的人海中脱颖而出。或许你仍在向往一帆风顺，可是，面对现实的曲折的人生，所谓的一帆风顺只能是心灵的一种慰藉。你要坚信，唯有奋斗不息，才能够成为命运的主人，而在这一步步的努力中，你必须学会忍耐。

忍耐不是逆来顺受，不是消极颓废，也不是在沉默中悄然降下信念的帆。忍耐是当一根火柴燃烧到一半的时候，接受另一半炙热的煎熬。学会忍耐，挺起坚强的脊梁，用快乐和潇洒清扫尘灰般的意志，人生不论是低迷抑或高涨，你的人生都将因努力而变得壮美如画。

忍耐，是不可多得的优秀品质

《论语》有云，小不忍则乱大谋。这句话告诉我们，如果在小事情上无法忍耐，也许就会导致大事的谋划被打乱，最终惨败。自古以来，儒家都遵循这样的处世之道，因而要求君子一定要坦坦荡荡，且要具有忍耐的精神。时间已经过去了两千多年，儒家的很多思想放到今日依然适用。对于现代社会的年轻人而言，也许暴戾已经成为当今社会的普遍状态，但是忍耐依然是美德，是年轻人不可多得的优秀品质。

君子和鲁莽匹夫的区别，不仅在于学识上的差距，更在于品行。君子需要忍耐，否则就是只有匹夫之勇。所谓勇者，并不是像炮仗一样点火就炸，而是能够在适当的时候弯腰低头，以一时的忍耐换取长治久安、换取深谋远虑。现代社会的很多年轻人血气方刚，或者是因为生活压力大，或者是因为工作节奏快，他们越来越缺乏耐心，恨不得一个不如意就与他人狠狠地打一架，才能泄了心头之恨。殊不知，打架固然能够当即发泄情绪，却只能得到一时之快，根本无法彻底解决问题。尤其是在现代职场，有太多职场人士对工作不满意、对同事有意见，都是在忍耐中求得生存。毕竟，即便跳槽换工作，也不能保证下一份工作就能处处如意。为了避免出局，我们必须控制好自己，做人做事都要把握分寸，等到忍无可忍的时候，不是无须再忍，而是重头再忍，这样才能最大限度地保全自己的力量，从而为自己来日的逆袭奠定基础。

从某种意义上来说，每个人在人生路上都是赤脚独行的僧人，而忍耐恰恰如同人生路上的荆棘，刺得我们双脚疼痛，几乎不能沾地，却又不得不忍痛前行。最终，只有那些能够忍耐的人才能迈过荆棘，走到人生开阔平坦的大路上，一路向前。有的时候，不能忍耐的结果是很严重的，在历史上从不缺少这样的典型事例。很多人都知道楚汉战争中的“成皋之战”，它对于楚汉战争的结局具有决定性意义，也使得项羽最终难逃失败的厄运，而这一切都是因为曹咎的缺少忍耐这一品质。

公元前203年，项羽和刘邦在成皋对峙，因为汉军的阻挠，楚军向西行进的道路被阻断，当然汉军也无法顺利攻占成皋。这时，建成侯彭越和刘邦的秘密军队汇合起来，一起进攻楚军的后方梁地，导致楚军的十几座城池相继失守。眼看着后方危急，项羽只得率军一路向东，与彭越对战。临行前，项羽把成皋交给大司马曹咎驻守，并且对其千叮咛万嘱咐：“你唯一的任务就是驻守成皋，不管汉军怎样辱骂和挑衅，你都千万不要出城迎战。我为了给梁地解围不得不迎战彭越，成皋现在就是我的后方，你必须守住。我肯定会速战速决，在十五天之内打败彭越，让梁地恢复安宁。”项羽话音刚落，曹咎就下了军令状，说一定会守住成皋。

刚开始的几天里，曹咎的确根据项羽的命令死守成皋，不管汉军如何辱骂刁难，概不理会。然而，刘邦在成皋城附近专门搭建了高台，每日骂声不断，最终让性格稳重的曹咎忍无可忍，打开城门，率领大军渡河迎战汉军。然而，汉军正是趁着楚军渡河之际袭击了成皋，打败楚军，顺利攻占成皋。由此一来，楚国的物资都被汉军据为已有，曹咎自觉惭愧，在河边拔剑自刎，再也无言面对项羽。

在这场著名的战役中，楚军和汉军实力出现调转，原本是楚强汉弱，现在则是楚弱汉强，也因此注定了项羽失败的结局。假如曹咎能够忍受汉军的辱骂，按照项羽的指示守住成皋，也许整个历史都会被改写。由此可见，小不忍则乱大谋，不能忍耐的后果是非常严重的。

当然，现代社会处于和平年代，战场上残酷的对决已经不复存在，但是生活中和职场上需要忍耐的情况并不少见。作为一个聪明理智的人，我们一定不要因为一时冲动就逞匹夫之勇，唯有在忍无可忍的时候继续忍耐下去，我们才能成功蛰伏，才能把握千载难逢的好机会，从而一招制胜。

现代社会的很多年轻人都血气方刚，并且以此当作自己的资本，处处张扬。殊不知，作为后生晚辈，年轻人不管是在生活中还是在职场上，都应该修炼和提升自己的忍耐力，唯有如此，我们才能避免陷入进退两难的境地，才能在各种诱惑面前保持住自己。总而言之，只有忍小事，我们才有可能在大事上有杰出的表现。否则，一旦小不忍乱了大谋，就追悔莫及了。

学会忍耐，蓄积待发

俗话说：“台上一分钟，台下十年功。”演员在台上表演的时间往往只有短短的几分钟，但为了台上这几分钟的表演时间，许多人要付出数年的艰辛努力。同样，在这个世界上，没有任何一个人能随随便便成功，因为罗马城也不是一天就建成的，蜕变来自于长时间的积累，一步登天的奇迹以及看似轻松的成功，那也是经历了上百次的尝试，才铸就了这样短暂的光辉。

做事就好像建城一样，你要想把它建成、建好，你就必须付出超人的代价和心血。我们应该记住，通往成功的道路从来都不会是一条风和日丽的坦途，人生必须渡过逆流才能走向更高的层次，最重要的是在这个过程中学会忍耐，蓄积待发，最终一举成功。

下面这个简单的故事，蕴含了一个深刻的道理，它告诉我们坚持在追求梦想的过程中是多么重要。

有现代奥运史上的第一个世界冠军之称的康纳利曾于1895年被哈佛大学录取，专业是古典文学，在学校的时候，他就是当时全美三级跳远冠军了。

那一届的奥运会在雅典举行，康纳利听说后准备向学校请8周假，以便去参加比赛，但学校拒绝了他的要求。然而，康纳利坚持了自己的决定，他想一试身手，于是，他毅然离开了哈佛，自己争取到了参加奥运会的资格，成为了美国代表团11个成员之一。

同行的参赛队员都是免费参加比赛的，但康纳利是个贫穷的学生，他哪有这样的待遇！他这次参赛是在一家很小的体育协会的赞助下才得以成行的，由于资金紧张，他花掉了自己仅有的700美元的积蓄，才登上了德国德福达号货船。

然而，就在出发前的两天，他的后背突然受伤了，他差点绝望，但庆幸的是，从纽约到那不勒斯的航行过程中，他的伤竟然痊愈了。但刚刚下船，康纳利的钱包又被偷走了，这还不算最糟糕的——由于时差关系，希腊和西方的日历不同，就在他们到达的第二天就需要进行比赛，本来他们以为比赛会在12天之后举行。而更糟糕的是，康纳利从小所练习的是单足跳、跨步、起跳，而奥运会三级跳远项目的起跳要求是单足跳、单足跳、起跳。

1895年4月6日下午，三级跳远比赛开始了。在别的运动员跳完之后，康纳利最后一个出场了。他走到沙坑前面，把自己的帽子扔到了一个别的运动员跳不到的位置上，大声叫喊着："我要跳到帽子那里去。"他在跑道上加速，按照新的规则，先两个单足跳，然后起跳，最后落在了比他的帽子更远的地方，跳出了13.71米的好成绩，成为现代奥运会上的第一个冠军。后来，康纳利与哈佛大学达成和解，并获得了博士学位。

或许，大多数人所知道的信息是“1896年4月6日，来自美国哈佛大学的大学生詹姆斯·康纳利成为了现代奥运史上的第一个世界冠军”。我们只知道这些表面的成功的信息，却知不其背后的艰辛。且不说康纳利在去参加比赛之前所遇到的糟糕情况，单说康纳利从小就开始练习跳远，却直到上了大学之后才有幸参加了奥运会，因此展露了自己的才华，这其中忍耐的时间有多长呢？但康纳利都忍受了过来，并且一直没有放弃，最终修建了属于自己的罗马城。

生活中，做任何事情都需要一个过程，一点点累积，这样才能凝聚成一股巨大的力量。如果你放松了平日的努力，只靠临时抱佛脚，那将注定是失败。在平日中不断努力却没有得到回报的人们，心里总是抱怨：为什么上天不公平呢？其实，上帝给予我们的都是公平的，如果你还没有得到回报，那只是因为还没到时机，因为时间就是最好的见证者，它见证了你一点点的努力，也将见证你最终的成功。

哲人说：“成功者大都起始于不好的环境并经历许多令人心碎的挣扎和奋斗。他们生命的转折点通常都是在危急时刻才降临。经历了这些沧桑之后，他们才具有了更健全的人格和更强大的力量。”一个人若是不付出、不努力，一味梦想着成功，那根本就是做白日梦，时间不会给予他任何东西，只会给他的人生留下一段空白。生活就是这样，你需要付出，才能有所收获，而这样的付出是不间断的，一旦你放弃了，那你即将获得的成功也会随之不见。在更多的时候，你的付出与收获是成正比的，你付出的汗水和艰辛越多，你收获的东西也将越多。相反，如果你一点都不想付出，只想坐等成功，那是根本不可能的，你等来的终究是一场空。

忍住时间的打磨，成功便指日可待

生活中的人们，如果你去过乡下，你可以发现，屋檐之下是石头砌成的平台，而屋檐上是瓦片铺盖而成的屋顶。每当下雨的时候，天上的雨水降落下来，滴在屋檐上，那水珠就顺着瓦檐流下来，好像珠子串成的帘子一样。而水珠滴落的地方，经过这样长年累月的打磨，那坚硬的石头竟然出现一些小坑洼。这是多么神奇的力量，柔弱的水珠，竟然可以将石头滴穿？其实，不要为此感到惊讶，因为这就是“滴水穿石”的真实现象。大自然的这些神奇力量一样可以引申到我们的生活中。在生活中，有许多可以忽略不计的力量，如果将它的一点点凝聚起来，该是多么大的力量！不论是做人还是做事，我们都需要坚信水滴石穿的真理，坚守时间的打磨，终有一天，我们能够顺利地采摘成功的果实。

的确，任何一个能真正成大事的人，必定是内心坚韧的人。我们只要有坚韧的品质，就能忍耐一切，即便遇到痛苦和灾难，我们也不会熄灭内心的梦想之火，最终，我们会看到明日的成功。

然而，如果你怀着消极的心态去生活，不仅对成功没有半点促进作用，还会阻碍自己前进的脚步。对此，不少成功者曾说，做事切记要有长性，如果不懂得坚持，你的人生就注定平庸。

人生旅途上沼泽遍布，荆棘丛生，也许会山重水复，也许会步履蹒跚，也许，我们需要在黑暗中摸索很长时间，才能找寻到光明……但这些都算不了什么，任何人，只要你做到不放弃，知道自己要什么、该干什么，那么，勇敢的你就能敲开那一扇扇机会之门。

被人们誉为“美国无产阶级文学之父”的杰克·伦敦小学毕业后，就进了一家罐头厂当童工，在非人的条件下，常常要每天工作十八九个小时，直到深夜才拖着疲劳不堪的身子回家。杰克·伦敦17岁时，受雇到一条小帆船上当水手，不久，他因为“无业游荡”被捕入狱当苦工。

出狱后，杰克·伦敦刻苦自学。20岁时，他靠自修考上了加利福尼亚大学，可是，只读了一个学期，便因缴纳不起学费退学。失学后，他一边在洗衣店做工，一边开始业余写作，希望用稿费来弥补家用。

后来，杰克·伦敦又随众人到遥远的阿拉斯加去当淘金工人。他历经千辛万苦，却由于缺乏营养、劳累过度，患了坏血病，几乎使他下肢瘫痪。苦难的刺激与磨炼，使杰克·伦敦成为一个具有特殊气质的作家。成为职业作家后，他16年如一日，每天工作19个小时，一共写了50本书，其中仅长篇小说就有19部。他的作品充分表现人同困难的斗争，人处于各种逆境中的反抗，给20世纪初的文坛带来一股生机勃勃的力量。

一个小学毕业的残疾人最终成为人们敬仰的文学家，其间必定尝尽了种种困苦与折磨。而翻开中国历史，汉代司马迁身受腐刑志不移，直面残酷逆境写《史记》；越王勾践卧薪尝胆，忍受屈辱，最终实现复国梦想。当然了，身处现代社会，我们不会成为第二个司马迁或勾践，但是，这些人在强大的外在困难下都能屹立不倒，并完成自己的梦想，这难道不是在向我们展示着一个事实吗——人生风雨路上，不仅有高山峻岭，有河流滩涂，有荆棘坎坷，有沟壑万千，也有坦途，有金光大道。或许现在的你也正为梦想而奋斗，或许你正饱受逆境的折磨，对此，你不妨向杰克·伦敦学习，跨过困难后，你一定能在逆境中来个180度大转弯。

任何一个人在追寻目标的过程中，都注定经历不同的苦难、荆棘，那些被困难、挫折击倒的人，他们必须忍受生活的平庸；而那些战胜苦难、挫折的人，他们能够突出重围，赢得成功。对于生活中的我们来说，需要明确自己的目标，并朝着目标前进，在追寻目标的过程中，要学会忍耐，因为忍耐是对胜利的一种执着。

总之，做成一件事情，必然要经历挫折与困难，在这时若是不够坚韧，缺乏执着的精神，那么，事情肯定不会成功。

参考文献

[1]黄曲欣.熬过最难熬的日子，便是阳光满地[M].广州：广东人民出版社，2018.

[2]小川叔.努力，才配有未来[M].长沙：湖南文艺出版社，2015.

[3]墨陌.只要坚持，梦想总是可以实现的[M].南京：南京出版社，2016.

[4]殷志诚（韩）.总有一个梦想我们愿意付出一生[M].青岛：青岛出版社，2013.